Houcem Sammari
Monia Trabelsi

Perfis lipídicos de Symphodus tinca da costa tunisina

Houcem Sammari
Monia Trabelsi

Perfis lipídicos de Symphodus tinca da costa tunisina

Estudo comparativo

ScienciaScripts

Cover image: www.ingimage.com

This book is a translation from the original published under ISBN 978-620-6-71776-8.

Publisher:
Sciencia Scripts
is a trademark of
Dodo Books Indian Ocean Ltd. and OmniScriptum S.R.L publishing group

120 High Road, East Finchley, London, N2 9ED, United Kingdom
Str. Armeneasca 28/1, office 1, Chisinau MD-2012, Republic of Moldova, Europe
Printed at: see last page
ISBN: 978-620-7-94233-6

Conteúdo

Resumo

Symphodus tinca L. 1758, vulgarmente conhecido como bodião-pavão, é um peixe osteichthyan bentónico de tamanho médio com um papel ecológico importante devido à sua capacidade de suportar grandes variações nos parâmetros físico-químicos ambientais. S. *tinca* encontra-se em vários ambientes aquáticos marinhos, lagunares e insulares, com uma biomassa que tem vindo a diminuir nas últimas três décadas.

Este estudo compara os perfis lipídicos de uma espécie selecionada pertencente à família Labridae: *Symphodus tinca*. Capturadas em diferentes ambientes aquáticos: o ambiente marinho de Tabarka, o ambiente lagunar de Ghar Elmelh e o ambiente insular de Djerba.

Em primeiro lugar, os teores de lípidos da carne (Ch), do fígado (F) e das gónadas (G) foram determinados em *Symphodus tinca e* mostram que os lípidos se acumulam principalmente no fígado, em segundo lugar nas gónadas e finalmente nos músculos. Uma comparação da composição bioquímica dos ácidos gordos destes três órgãos nas três populações estudadas confirma que existe uma variação nos níveis de SFAs, MUFAs, PUFAs, ω6s e ω3s de acordo com o sexo e o ambiente da população, com especiação na disposição dos ácidos gordos para cada órgão.

Estas diferentes variações no perfil lipídico devem-se essencialmente a uma combinação de factores bióticos e abióticos.

Palavras chave: perfil lipídico, composição bioquímica, SFA, MUFA, PUFA, ω6, ω3, *Symphodustinca,* Labridae, ambiente marinho de Tabarka, ambiente da lagoa de Ghar Elmelh e ambiente da ilha de Djerba.

Introdução

O Mediterrâneo cobre uma superfície de cerca de 2,5 milhões de km2. Comunica com o Oceano Atlântico através do Estreito de Gibraltar e com o Oceano Índico através do Canal do Suez. Está também ligado ao Mar Negro pelo Mar de Mármara.

Do ponto de vista hidrológico, o Mediterrâneo caracteriza-se geralmente por um balanço hídrico negativo e por temperaturas superficiais muito sazonais. Em especial, as suas águas são pouco produtivas, devido à falta de sais nutritivos, sobretudo à medida que se afasta do Estreito de Gibraltar.

Outra caraterística oceanográfica importante do Mediterrâneo é o facto de existirem duas bacias principais, uma oriental e outra ocidental, separadas pelo Estreito da Sicília.

Estas principais caraterísticas hidrológicas e oceanográficas têm um impacto sobre a biologia e a ecologia dos recursos haliêuticos, uma vez que cada uma destas duas bacias é ecologicamente constituída por unidades diferentes (Fonteneau, 1995).

A fauna piscícola do Mediterrâneo, por exemplo, é muito diversificada: existem atualmente mais de 600 espécies de peixes marinhos, a maior parte das quais provenientes do Atlântico (Quignard e Tomasini, 2000). No entanto, devido ao gradiente Este-Oeste de temperatura e salinidade, o Mediterrâneo Oriental alberga quase 400 espécies. Os três principais grupos de peixes marinhos presentes no Mar Mediterrâneo são :

Agnatha ou peixes sem mandíbula, que incluem as lampreias e os peixes-espada. Estas espécies são raramente encontradas no Mediterrâneo e estão praticamente ausentes do Mediterrâneo Oriental (Abdul Malak et al., 2011).

Os condropterígeos, peixes cartilagíneos, são representados por 76 espécies nativas de tubarões e raias no Mar Mediterrâneo. Distinguem-se pelo seu esqueleto cartilaginoso primitivo (Cailliet et al., 2005; Camchi et al., 1988).

Osteichthyans, ou teleósteos, ou peixes ósseos, caracterizados pelo seu esqueleto ósseo. Existem cerca de 442 espécies nativas do Mediterrâneo (Abdul Malak et al., 2011).

Apesar da importância económica considerável destes peixes na Tunísia, os crenilabra são teleósteos muito difundidos: são capturados do norte ao extremo sul do país. Embora o seu tamanho não apresente qualquer desvantagem para a sua comercialização, a sua carne não tem um sabor especial, pelo que tem pouco valor económico no mercado local de peixe.

A gordura é um dos principais factores determinantes da qualidade global do pescado. O seu conteúdo, composição e distribuição nos diferentes compartimentos corporais do peixe são atualmente objeto de uma literatura abundante e definem mesmo uma classificação assumida por Ackman (1995).

Por isso, pensámos que seria interessante fazer uma revisão dos ácidos gordos, analisando a composição lipídica de um peixe bentónico pertencente à família Labridae: A cascavel *Symphodus tinca.*

O principal objetivo deste estudo é realçar e melhorar a qualidade nutricional do coentro-pavão. Este objetivo só pode ser alcançado através do estudo do teor e da composição dos ácidos gordos em três órgãos diferentes envolvidos no metabolismo dos lípidos. Para o efeito, procedemos a uma análise comparativa da composição em ácidos gordos de três populações da costa tunisina durante o mesmo mês, com o objetivo de detetar variações intra e inter-estacionárias.

Inicialmente, caracterizámos 3 órgãos diferentes envolvidos no metabolismo lipídico, observando os níveis de lípidos totais correspondentes e a composição de ácidos gordos em cada órgão.

Em segundo lugar, quisemos determinar as variações do teor em lípidos e da composição em ácidos gordos para os 3 locais de deposição (carne, fígado e gónadas), segundo o sexo dos indivíduos e segundo as estações.

O objetivo desta experiência era demonstrar a possível especificidade de cada tecido (teor lipídico e composição em ácidos gordos).

Por fim, apresentamos algumas abordagens para explicar estas flutuações na quantidade e qualidade dos lípidos incorporados, com referência a um certo número de factores bióticos e abióticos.

CAPÍTULO I : Revisão da literatura

Labridae: peixes teleósteos perciformes pertencentes aos Osteichthyes, a mais diversa superclasse de peixes vivos.

Esta família é representada por 60 géneros com um total de 500 espécies (Nelson, 1994). A história fóssil dos labrídeos remonta aos períodos Terciário e Paleoceno Inferior (Berg, 1958). Têm uma ampla distribuição geográfica, habitando os oceanos Atlântico, Índico e Pacífico.

Ocupam geralmente águas marinhas quentes e tropicais (Fisher et al., 1987). Várias espécies encontram-se igualmente no Mediterrâneo meridional e oriental, sendo citadas 20 espécies (Quignard, 1978), 14 das quais nas águas tunisinas.

Estes peixes apresentam uma grande variedade de formas, de tamanhos e de cores brilhantes, a maior parte deles com pinturas impressionantes; as suas dimensões são muito variáveis. Alguns são pequenos (menos de dez centímetros), enquanto outros, como o Napoleão, podem atingir vários metros de comprimento.

São essencialmente costeiras, ocupando uma batimetria de 0 a 80 metros de profundidade (Quignard e Pras, 1986). A sua diversidade é maior nos trópicos e diminui em direção às altas latitudes. Existem vários tipos de fundos marinhos: fundos rochosos (Fisher et al., 1987), rocha nua e areia (Fulkiger et al., 1981), mas são frequentemente preenchidos por fundos de algas, relvados e fanerogâmicas (Casabianca et al., 1972-1973; Augier et Bouderesque, 1979; Harmelin-Viven, 1982; Quignard et Zaouali, 1980). Os recifes de coral são igualmente afectados (Rivaton, 1989; LeTourneur, 1991), mas em menor grau os fundos limosos (Fisher et al., 1987).

O espetro trófico dos labrídeos é muito baseado nos invertebrados bentónicos; é essencialmente constituído por crustáceos (camarões), decápodes, isópodes e pequenos moluscos gastrópodes.

No entanto, para as espécies do Golfo de Lyon, a sua alimentação é essencialmente constituída por equinodermes e moluscos (Quignard, 1966). Do mesmo modo, as outras espécies são piscívoras, herbívoras (Fisher et al., 1987) e, segundo Thresher, omnívoras (1983). Estes autores basearam os seus estudos no conteúdo estomacal dos peixes, uma família euròfaga com dentes bastante fortes que estão completamente fundidos com o osso inferior da faringe, fazendo com que os dentes pareçam seixos. Alguns utilizam o focinho para revirar pedras e pedaços de coral para filtrar invertebrados escondidos (Moyle e Cech, 2000).

A maioria dos labrídeos depende da visão para encontrar as suas presas e são activos durante o dia (Fisher et al., 1987). A sua alimentação é muito variável consoante a espécie e a estação do ano (Quignard, 1966), pelo que a sua coloração assegura uma excelente homocromia com o fundo marinho. Esta coloração pode mudar durante a noite, como foi comprovado em algumas espécies marinhas.

Em caso de perigo, enterram-se nos prados de fanerógamas entre pequenas pedras e fendas (Bell e Harmelin-Viven, 1982; Harmelin-Viven, 1982).

No que diz respeito à reprodução, todos são ovíparos. èmeO declive pode ser pelágico ou demersal, nos 2 casos, os machos preparam ninhos para que os ovos fiquem protegidos no seu interior. Este ninho é batido em fragmentos de ervas marinhas (Soljan, 1930 e 1931). O ninho é protegido pelo macho, que permanece na abertura.

Foi descrito um fenómeno de hermafroditismo facultativo e protogínico que afecta a maioria dos indivíduos das populações (Ross et al., 1983). Durante a época de reprodução, são gregários, mas fora desse período são solitários (Hoffman et al., 1985), com agressão intra ou interespecífica.

Como a maior parte dos membros da família Labridae, a cascavel-pavão, um peixe-pedra por excelência, vive a maior parte do tempo em zonas rochosas. Pode ser vista a passar por zonas abertas, mas é mais frequente encontrá-la em rochas ou em leitos de relva, sempre na proximidade imediata de falhas. É aqui que se esconde em caso de perigo. Caseiro nos seus trajes sazonais, o peneireiro sai da sua toca durante o dia para se alimentar nas imediações do seu ninho.

Quando perturbado (caçadores, banhistas...), o nosso peixe esconde-se e permanece no buraco até que os intrusos se vão embora. Como a maioria dos peixes-pedra, o *Symphodus tinca* é um peixe diurno que só pode ser capturado entre o nascer e o pôr do sol (Quignard, 1966).

Possuem uma certa homocromia com o seu ambiente, o que significa que podem mudar de cor para se camuflarem. Esta transição de cor é causada pelo stress: em caso de medo, perigo ou ameaça, ou para os machos dominados por outros, a coloração é muito mais pálida.

Os jovens deslocam-se frequentemente em pequenos cardumes de alguns indivíduos acompanhados por uma fêmea adulta (Le Bris et al., 2013).

Para construir o seu ninho, o macho escolhe uma pequena gruta (geralmente uma grande depressão na face da rocha) a uma profundidade de 10 a 15 m, revestindo a parede vertical com algas recolhidas na área circundante (Le Bris et al., 2013).

I-1-Sistemática

Em biologia, a classificação clássica refere-se geralmente à classificação científica tradicional baseada numa análise comparativa das caraterísticas morfológicas das espécies. Foi iniciada pelo botânico sueco Carl Von Linné (1707-1778), que tentou aplicá-la a todos os seres vivos que conhecia. De acordo com a classificação de Linnaean, *Symphodus tinca* ocupa a seguinte posição sistemática:

Reino: Animal.
Sub-região: Metazoa.
Ramo: Cordas.
Subdivisão: Vertebrados.
Superclasse: Osteichthyes.
Classe: Actinopterygians.
Subclasse: Neopterygians
Infra-classe: Teleósteos.
Superordem: Acanthopterygians.
Ordem: Perciformes.
Subordem: Labroidae.
Família: Labridae.
Género: *Symphodus.*
Espécie: *tinca.*

1-1-Sinónimos

De acordo com estes autores, *Symphodus tinca* é mencionado por vários sinónimos:
Labrus tinca, Linnaeus, 1758.
Crenilabrus pavo, Brunnich,1768.
Labrus lapina, Frosskal ,1775.
Lutjanus geofroyensis, Risso,1810.
Labrus polychrous, Pallas, 1831.

1-2-Não vernáculo

Dada a sua vasta distribuição geográfica, *Symphodus tinca* tem vários nomes, que variam de um país para outro:

Tunísia: khodhir, Soltane, Lapse.

Argélia: Sabonero.

Itália: Laggion

França: Crenilabre peacock, Crenilabre slice.

Marselha: Roucaous.

Mónaco:Ruchétanca.

Espanha: Peto.

Inglês:Peacockwrasse.

I-2-Distribuição geográfica

A área de distribuição geográfica de *Symphodus* (*Crelinabrus) tinca* estende-se desde o Atlântico oriental: de Marrocos até às costas setentrionais de Espanha (Quignard e Pars, 1986), atravessando todo o Mediterrâneo e até ao Mar Negro (Fisher et al., 1987). Esta área de 44 N-21 N, 18 W-42 E tem um clima subtropical (Figura 1).

Figura 1: Distribuição geográfica de *Symphodus tinca.* Fonte (http://www.fishbase.org)

I-3-Critérios de discriminação das espécies

3-1-Critérios morfológicos

O bodião-pavão é um peixe de tamanho médio, que varia de 10 a 25 cm de comprimento, com um máximo de 44 cm (Fisher et al., 1987). Segundo Bradai (2000), é um dos maiores bodiões das nossas costas e o mais comum no Mediterrâneo. Os machos podem atingir 40 cm, enquanto as fêmeas não ultrapassam os 25 cm.

A figura 2 mostra a morfologia do labre:

- O corpo é ovoide, ligeiramente comprimido, e é um peixe maciço com um corpo alongado (Le Bris et al., 2012).

- A cabeça é alongada e mais comprida do que o corpo (Fisher et al., 1987).

O focinho é pontiagudo e mais comprido do que ou igual ao espaço pré-orbital, com uma boca pequena com lábios grossos de 6 a 9 pregas e numerosos poros cefálicos (Fisher et al., 1987).

- Os dentes são fortes, afiados e caniniformes, dispostos numa única fila em cada um dos 2 maxilares (Bouchot e Pras, 1987). Os dentes são compostos por 2 partes, que são sempre curtas:

Um é horizontal e o outro é descendente.

A pré-maxila também tem 2 ramos, um horizontal e outro ascendente.

As aves jovens apresentam um bordo serrilhado na parte inferior do opérculo, que desaparece com a idade.

- Existe uma pequena mancha escura no pedúnculo caudal, mas por vezes 5 pequenas manchas negras na dorsal e 3 na anal (Bauchot e Pars, 1987).

- As escamas ciclóides finas cobrem todo o corpo, exceto o focinho e o espaço entre as órbitas oculares. São alongadas, de tamanho médio a grande, aumentam de tamanho com a idade e são cobertas por uma prega tegumentar.

- A linha lateral tem 33 a 38 escamas (Quignrad, 1966; Tortonese, 1975). Esta linha é contínua, encimada por 3 e 1/2 ou 4 e 1/2 filas de escamas e mergulha e curva-se em direção à base do corpo perto do pedúnculo caudal.

- As escamas das faces são ornamentadas em 4 a 6 linhas.

- No primeiro arco branquial, o número de branchiospines varia de 13 a 16 (Tortonese, 1975).

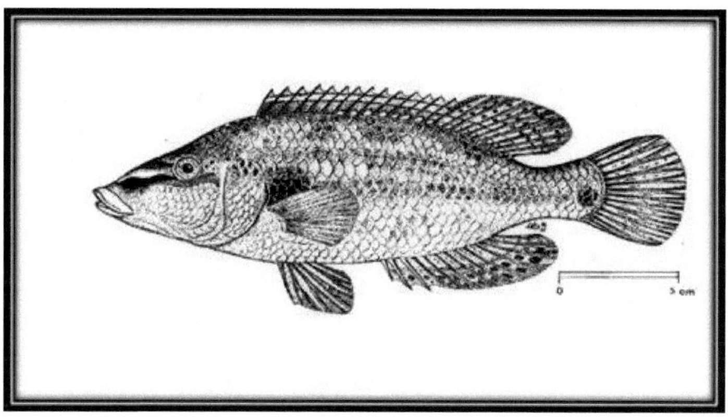

Figura 2: *Symphodus (Crenilabrus) tinca* (linnaeus, 1758).

3-2-Coloração

Esta espécie apresenta dicromatismo sexual, que se torna muito evidente durante a época de reprodução. Ouannes-Ghorbel (1996) distinguiu 3 fígados com diferentes graus de diferenças de pigmentação.

3-2-1- Fêmeas

Nas diferentes classes etárias, as fêmeas apresentam sempre uma tonalidade castanha clara a escura, ligeiramente esverdeada (Figura 3). O ventre é esbranquiçado a prateado e as barbatanas peitorais e pélvicas são esbranquiçadas a amareladas.

As barbatanas anal e dorsal são castanhas claras com pigmentação escura. O pedúnculo caudal tem uma mancha escura que está presente em todos os indivíduos, quer sejam machos ou fêmeas. O dorso é consistentemente castanho escuro, com uma tonalidade acinzentada a esverdeada na parte anterior. As bochechas e os lábios são cinzentos claros a prateados.

Figura 3: Fêmea de *Symphodus tinca* "em baixo" (Le Bris, 2007).

3-2-2- Jovens do sexo masculino

Os machos jovens têm uma cor semelhante à das fêmeas (figura 3). São mais pálidos do que os machos adultos e bastante mais corados. A sua cor é castanha clara a avermelhada.

Figura 4:Pavão-da-índia: macho jovem (Le Bris, 2006)

3-2-3- Adultos do sexo masculino

São mais coloridos e deslumbrantes do que as fêmeas: o ventre é dourado a amarelado, as barbatanas pélvicas são esverdeadas e as barbatanas peitorais são amarelas.

As outras barbatanas são azuis e amareladas a esverdeadas na base, com uma coloração azul ou vermelha na ponta (Figura 5).

A cor da íris varia entre o amarelo e o verde. Tal como nas fêmeas, as papilas urogenitais são pequenas e brancas ou amarelas, as bochechas são amarelas e existe uma mancha azul à frente do olho. Os lábios são amarelos ou verdes. Os flancos e o dorso são verde-azeitona escuro com reflexos amarelos.

Durante os meses mais frios, os machos tornam-se mais brilhantes (Figura 6). As manchas vermelhas, dispostas em 4 a 5 linhas de cada lado da linha lateral, tornam-se mais brilhantes e a parte superior da cabeça torna-se azul.

Figura 5: Macho adulto de *Symphodus tinca* durante a época de acasalamento (Le Bris, 2004).

Figura 6: Fatia de crenilabro macho adulto fora da época de reprodução (Le Bris, 2007).

1-4-Cura

Alguns indivíduos deste bodião apresentavam zonas de escamas bem distintas em diferentes partes do corpo, reforçando a existência de um fenómeno de regeneração (Vincent, 2009).

Segundo Quignard (1966), os peixes têm uma incrível capacidade de cura, sendo capazes de regenerar feridas enormes ou barbatanas completamente arrancadas. É por isso que raramente se encontra um peixe com uma barbatana amputada.

É evidente que esta questão tem interesse para a investigação médica humana: existem muitas publicações sobre este assunto, nomeadamente no peixe-zebra.

I-5-Reprodução

5-1-Hermafroditismo protogínico sucessivo opcional

Esta espécie apresenta um fenómeno de hermafroditismo protogínico sucessivo e facultativo (Quignard e Pras, 1986). Este fenómeno foi demonstrado no Golfo de Gabes (Ouannes-Ghorbel, 1996 e 2003).

(Pealaoro e Jards, 2003) mostraram que a proporção entre os sexos é favorável aos machos, que dominam quase todas as classes etárias, e que a partir dos 29 cm, todos os indivíduos são machos.

(Ben Slama et al., 2010) mediram a razão sexual entre setembro de 2004 e agosto de 2005 de crenilabres da costa nordeste da Tunísia, que era favorável aos machos (1,38:1) e os indivíduos com mais de 27 cm eram predominantemente machos, o que apoiaria a hipótese de esta espécie ser hermafrodita. Durante o período pós-desova, os machos são mais numerosos do que as fêmeas.

De facto, o hermafroditismo protogínico facultativo é verificado por secções histológicas, com alguns espécimes a apresentarem uma gónada mista. O estudo histológico destas gónadas permitiu descrever a evolução das gónadas hermafroditas. Estas glândulas apresentam ilhas simultâneas de células germinativas masculinas e femininas em degeneração.

Pensa-se que os machos secundários, resultantes da inversão sexual das fêmeas, têm testículos lamelares (Ben Slama et al., 2010).

5-2-Período de postura

No sul do Mediterrâneo, o período de desova da crenilabra estende-se de abril a junho (Ouannes-Ghorbel et al., 2002). No norte do Mediterrâneo, ao longo de toda a costa francesa e no golfo de Lyon, este período é igualmente idêntico ao da costa tunisina. Vai de abril a junho, mas pode prolongar-se até ao início de julho (Quignard, 1966). Este período é também descrito por Dieuzeide (1955), na costa argelina. De acordo com (Ouannes-Ghorbelet et al., 2002), este desfasamento é atribuído ao fotoperíodo e não à temperatura da água.

A reprodução do bodião-pavão processa-se em 3 fases:

- Fase pré-pontal ou fase de maturação caracterizada por 3 períodos: um período de desenvolvimento lento das gónadas, seguido de um período de maturação ou de desenvolvimento mais rápido.

- Fase de emissão dos gâmetas, em que se verifica uma diminuição desta relação, de abril a junho, durante a qual o peso das gónadas diminui enormemente.

- Fase de repouso sexual.

I-7-Regime alimentar

Dado o seu biótopo, o bodião-pavão alimenta-se de organismos bentónicos pouco profundos: os crustáceos (isópodes e camarões) e os moluscos gastrópodes são as suas principais presas. Estas preferências tróficas são neutras em termos de género e quase idênticas para todas as classes etárias. Com o aumento da idade, a percentagem de isópodes consumidos diminui em benefício dos camarões e de outros moluscos grandes (Ouannes-Ghorbel e Bouain, 2006). Isto explica-se pelo facto de o crescimento do animal estar linearmente relacionado com o desenvolvimento da largura da boca (Ross et al., 1978; Stoner, 1980).

Para além desta ontogenia trófica, a dieta dos crenilabres de corte apresenta ligeiras alterações sazonais na quantidade e qualidade do seu espetro trófico, mas continua a basear-se em crustáceos e moluscos.

No entanto, durante o período de inverno, o conteúdo estomacal dos adultos revela um maior consumo e inclui outras presas, embora em pequenas proporções (anfípodes, poliquetas, algas, cefalópodes, foraminíferos, pequenos peixes teleósteos, bivalves, diatomáceas) (Ouannes-Ghorbel, 2003).

O consumo destas presas pode ser acidental, como no caso das algas, uma vez que o mero se alimenta com grande intensidade no inverno para otimizar a energia necessária para a maturação das gónadas (Ouannes-Ghorbelet et al, 2002).

Estes peixes quase não se alimentam durante a estação fria. Os conteúdos estomacais dos espécimes foram analisados. Do total, (87,4) dos tractos digestivos estavam vazios. Esta percentagem varia ao longo do ano, com um máximo durante o período frio. (Quignard, 1966) confirmou igualmente que o espetro trófico dos adultos de *Symphodus tinca* na costa sul de França é vasto. Isolou anfípodes, foraminíferos, decápodes, anelídeos e anfineuros dos estômagos de pequenos peixes, com exceção de crustáceos e moluscos.

Esta mudança de comportamento alimentar, segundo (Ware, 1972; Stoner e Lingviston, 1984), está correlacionada com o aumento do tamanho da boca. Permite aos peixes capturar uma gama mais vasta de tamanhos de presas.

I-8-Biótopo

Symphodus tinca é uma espécie costeira que frequenta fundos rochosos, prados de algas e de Posidonia, fanerogâmicas e prados de ervas marinhas (Selourde e Chauvet, 1986; Quignard e Zouali, 1980) e recifes de coral (Le Tourneur, 1991). Ocupam uma batimetria de 80 metros (Fisher et al., 1987), limitada a 40 metros no Golfo de Gabes (Ben Othman, 1973).

Podem entrar em lagoas salobras (Bourquard, 1985), ao contrário dos adultos, os juvenis ocupam profundidades pouco profundas (Tortonese, 1975). Na Tunísia, esta espécie encontra-se nas regiões do nordeste e do sul (Azouz, 1974).

II-Composição lipídica

II-1-Valores nutritivos do peixe

Do ponto de vista nutricional, a carne de peixe é rica em proteínas altamente digeríveis, minerais (em especial fósforo, cálcio, magnésio e iodo), vitaminas (em especial vitamina D e outras vitaminas lipossolúveis) e ácidos gordos (mono e poli-insaturados da série n-3, como o ácido eicosapentaenóico (EPA) e o ácido doco-hexaenóico (DHA)).

De facto, representa um excelente alimento com caraterísticas nutricionais únicas entre os produtos de origem animal, a um custo razoável. Isto explica o facto de o peixe ser uma parte tão importante da dieta humana. O consumo mundial per capita de peixe aumentou nas últimas quatro décadas, passando de 9 kg por pessoa por ano em 1961 para 16,5 kg em 2003 (FAO, 2006).

Entre os seus vários componentes bioquímicos, os lípidos contam-se entre os principais determinantes da qualidade global do peixe. O seu conteúdo, composição e distribuição nos diferentes compartimentos do corpo do peixe definem mesmo uma classificação hipotética de Ackman (1966).

No entanto, os ácidos gordos são atualmente objeto de uma literatura abundante. Polinsaturados", "ómega 3" e "linoleico conjugado" são todos termos com conotações positivas utilizados na saúde humana.

Numerosos estudos mostram que está a ser dada cada vez mais atenção às "boas" e "más" fontes de ácidos gordos para os seres humanos. Estas incluem os produtos de origem animal e, mais particularmente, o marisco, em especial o peixe.

Por conseguinte, é importante poder qualificar e quantificar os ácidos gordos presentes nestes produtos. Dada a popularidade destes compostos, que se pensa terem numerosos efeitos fisiológicos benéficos, são utilizados como matérias-primas em suplementos alimentares, medicamentos e cosméticos. São utilizados como matérias-primas em suplementos alimentares, medicamentos e cosméticos (Veylon, 1977; Hattori et al., 1998; Holmström e Kjelleberg, 1999; Hellio et al., 2000).

Tal como outros metabolitos (açúcares, proteínas, etc.), os lípidos têm um interesse potencial em todas estas áreas e, em particular, no sector da atividade biológica. Watkins et al (2001) descreveram uma panorâmica das actividades dos lípidos e dos ácidos gordos na biologia e nas funções celulares do osso. Devido a estas particularidades, e em particular à riqueza em PUFAs, o ambiente marinho é uma fonte interessante de lípidos bioactivos.

II-2-Classificação e nomenclatura dos ácidos gordos

Os ácidos gordos fazem parte da família dos lípidos, moléculas orgânicas insolúveis na água. Os lípidos foram objeto de numerosas classificações. Hennen (1995) classificou estas moléculas em 6 categorias de substâncias: triglicéridos, glicerofosfolípidos, esfingolípidos, terpenóides, esteróis e esteróides e, por fim, ácidos gordos.

Os ácidos gordos são os constituintes de base dos lípidos saponificáveis, quer se trate de lípidos simples ou de lípidos complexos. Raramente estão presentes no estado AGNE não esterificado. Todos os ácidos gordos são constituídos por uma cadeia de hidrocarbonetos, que pode ser linear ou ramificada, com um número par de átomos de carbono, de 4 a mais de 30. No meio marinho, este número varia entre 14 e 24. Em função do comprimento da sua cadeia, estes compostos dividem-se em 3 grupos, cuja classificação mais pormenorizada é proposta por Canler (2001) (quadro 1).

Quadro 1: Classificação dos ácidos gordos de acordo com o número de carbonos (Canler, 2001)

Número de átomos de carbono	Comprimento da corrente	Nome comum
6 à10	Cadeia curta ou média	Ácidos butíricos
12 à22	Corrente longa	Ácidos gordos
>22	Corrente muito longa	Ácidos cerosos

2-1- Estrutura dos ácidos gordos

Em termos funcionais, estas moléculas orgânicas têm :

- Um grupo metilo (-CH3) numa das extremidades.

- Um grupo carboxilo (-COOH) na outra extremidade confere à molécula o seu carácter ácido.

Outro critério que distingue os ácidos gordos é o número e a localização da dupla ligação (insaturação) entre os átomos de carbono. Existem três tipos de ácidos gordos: ácidos gordos saturados, que não têm ligações duplas; ácidos gordos monoinsaturados, que têm uma ligação dupla; e ácidos gordos polinsaturados, que têm duas a seis ligações duplas, geralmente separadas por um grupo metileno (CH2) (Budge et al., 2006). Os ácidos gordos são designados utilizando a notação A: Bn-X, em que A é o número de carbonos, B é o número de ligações duplas e X é a posição da primeira ligação dupla em relação ao grupo metilo terminal.

2-2-Ácidos gordos saturados

Trata-se de ácidos gordos em que todos os átomos de carbono estão saturados de hidrogénio, de modo que cada átomo de carbono transporta o número máximo de átomos de hidrogénio e não podem ser adicionados outros átomos de hidrogénio à molécula.

Isto significa que todas as ligações entre carbonos são simples e não existem ligações duplas (insaturação). A fórmula química geral dos ácidos gordos saturados é a seguinte

CH3 - (CH2) n - COOH

em que: N = n+2

N: número total de átomos de carbono

São representados por uma série contínua de ácidos gordos com um número par de carbonos (4 a mais de 30 carbonos) (Apêndice 1). Foram isolados de lípidos de origem animal, vegetal e microbiana.

De facto, estes AG saturados já não podem ser considerados como um todo, uma vez que diferem em termos de estrutura, metabolismo e funções celulares (Hughes et al., 1996; Legrand e Rioux, 2010).

A principal contribuição dos AGS na nossa alimentação é representada pelo ácido palmítico (C16:0) e pelo ácido esteárico (C18:0), fornecidos principalmente por produtos de origem animal. Numerosos estudos epidemiológicos sublinharam o efeito nocivo do consumo excessivo de AGS no desenvolvimento de doenças cardiovasculares.

É por isso que se recomenda limitar o consumo de gorduras que contenham grandes quantidades de SFAs.

É o caso da manteiga, das natas, do sebo bovino, da manteiga de cacau, dos óleos de copra, de palma e de palmiste, de certas margarinas e de certos alimentos preparados, que podem conter uma proporção significativa de gordura (ver rotulagem nutricional).

Para além desta contribuição externa, a sua origem endógena é muito variada: o ácido palmítico (C16:0) é o mais intensamente sintetizado, sendo o primeiro ácido gordo produzido a partir da glicose e do acetato, numa via que vai diretamente dos 2 aos 16 carbonos.

A maioria dos ácidos gordos naturais tem um número par de carbonos e uma cadeia linear, embora existam alguns com um número ímpar de carbonos e uma cadeia ramificada. Quando um grupo metilo é ligado ao penúltimo átomo de carbono, forma-se o ácido isovalérico.

2-3-Ácidos gordos monoinsaturados

Representam mais de metade dos ácidos gordos presentes nas plantas e nos animais:

- Uma única ligação dupla: ácidos monoinsaturados.

Nos ácidos gordos monoinsaturados, a posição da ligação dupla simples pode ser expressa como :

- Ou partindo do carboxilo (1° carbono); o símbolo é Δ.

ou a partir do metilo (último carbono); o símbolo é ómega ω. Em medicina clínica e biologia, a designação mais comum para os ácidos gordos insaturados é ómega (ω) (Anexo 1).

Os ácidos gordos monoinsaturados (MUFA) dividem-se em duas famílias, n-7 e n-9, sendo o mais comum o ácido oleico (C18:1, n-9 ou ω9). A fórmula química geral dos ácidos gordos monoinsaturados é :

CH3 - (CH2) x - CH = CH - (CH2) y -COOH

Com : N = x+y+2.

X: posição da insaturação a partir do grupo metilo.

Y: posição da insaturação a partir do grupo carboxilo.

Tal como os ácidos gordos saturados, os ácidos gordos monoinsaturados (AGMI) provêm da síntese endógena (nos seres humanos, como em quase todos os seres vivos) e da nossa alimentação.

Estão presentes nas azeitonas, nas sementes de colza, nos frutos de casca rija (pistácios, amêndoas, avelãs, castanhas de caju, nozes pecan), nos amendoins, nos abacates e nos produtos de origem animal.

São sintetizados endogenamente pela delta-9-desaturase, que introduz uma dupla ligação no ácido palmítico e no ácido esteárico, dando origem ao ácido palmitoleico (C16:1 n-7) e ao ácido oleico (C18:1 n-9), respetivamente.

Ácidos gordos 2-4-poliinsaturados

Os ácidos gordos polinsaturados com menos de 18 átomos de carbono estão ausentes ou presentes em quantidades extremamente reduzidas nas gorduras vegetais e animais, mas os ácidos gordos C14 e C16 foram mencionados nos óleos animais marinhos.

Existem duas famílias de ácidos gordos polinsaturados (PUFAs): n-6 ou ómega 6 ($\omega 6$) e n-3 ou ómega 3 ($\omega 3$) (Anexo 1).

Estes ácidos gordos são derivados do ácido linoleico (C18:2 n-6) e do ácido α-linoleico (C18:3 n-3), respetivamente. Os ómegas são ácidos gordos polinsaturados cuja primeira ligação dupla está localizada no terceiro carbono a partir do grupo metilo terminal. Os ómega 6, pelo contrário, são ácidos gordos polinsaturados cuja primeira ligação dupla se situa entre o sexto e o sétimo carbono a partir da extremidade G.

Os ácidos gordos polinsaturados de cadeia longa são PUFAs com mais de 4 ligações duplas, como :

- C20:5 (5, 8, 11, 14, 17) (ácido eicosapentaenóico).
- C22:5 (4, 8, 12, 15, 19) (ácido docosapentaenóico).
- C22:6 (4, 7, 10, 13, 16, 19) (ácido docosahexaenóico).

As figuras 7 e 8 mostram as fórmulas semi-desenvolvidas de EPA e DHA, os PUFAs mais abundantes nos TAGs dos peixes.

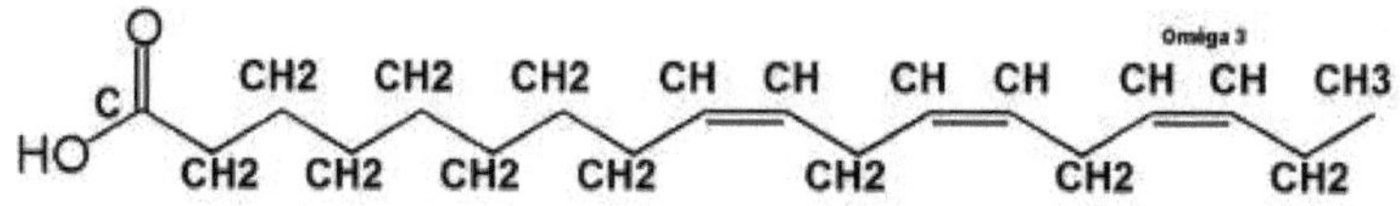

Oméga 3
O C HO CH2 CH2 CH2 CH CH CH CH CH CH CH3
CH2 CH2 CH2 CH2 CH2 CH2 CH2

Figura 7: Fórmula semi-desenvolvida do ácido eicosapentaenóico

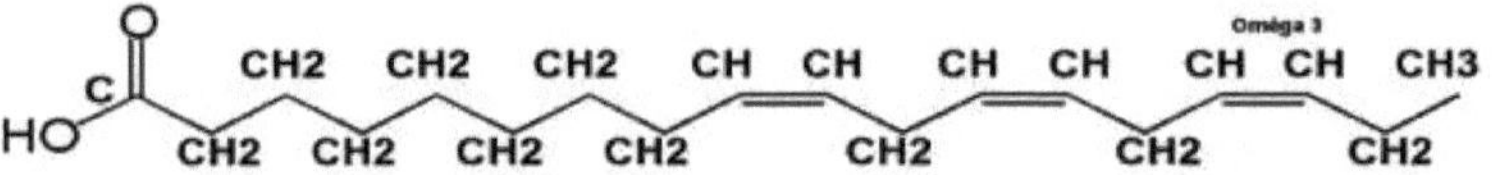

Figura 8: Fórmula semi-desenvolvida do ácido docosahexaenóico

Estes PUFAs de cadeia longa estão presentes nos óleos de animais marinhos. O C20:5 ω3 e o C22:6 ω3 podem ser isolados do óleo de fígado de arenque ou de bacalhau, onde o seu teor atinge os 9%, enquanto o C22:5 (DHA) se encontra em quase todos os óleos de origem marinha (Sonntag, 1979; Aidos et al., 2002).

III-Lípidos de peixe

Os óleos dos diferentes tecidos dividem-se em 2 grupos: fosfolípidos e triglicéridos, sendo que o primeiro grupo não apresenta praticamente nenhuma variação quantitativa. Qualquer diminuição ou aumento da gordura muscular está, portanto, diretamente correlacionado com variações nos níveis de triglicéridos (Ando et al., 1993). O teor de lípidos da carne dos peixes varia em função de vários factores, mas essencialmente em função da espécie. Este critério está na base de uma classificação dos peixes inventada por Ackman (1980) e Henderson et al. (1995):

III-1-Peixe magro

Estes peixes reservam quase todos os seus lípidos nas células do fígado, com uma elevada proporção de 40 a 75% do peso do fígado. É conveniente ter 1% ou mesmo menos de 4% de lípidos na carne. Trata-se essencialmente de peixes de fundo (pescada, badejo, linguado, escorpião, solha, dourada, raia e cação) considerados peixes magros.

III-2-Peixes gordos

Estes peixes armazenam as suas reservas de gordura principalmente no músculo, em menor grau no tecido cutâneo e em menor grau na cavidade abdominal.

Têm geralmente um teor de lípidos superior a 15%. São peixes pelágicos: salmão, espadilha, sardinha, cavala, arenque. Estes peixes têm uma percentagem elevada de AGPI e AGMI.

III-3-Peixes meio-gordos

Também conhecidos como peixes semi-gordos, os seus músculos contêm 2 a 10% de lípidos. Os seus depósitos adiposos são essencialmente musculares e parcialmente periviscerais (Espadarte, Atum, Anchova).

III-4-Ação de factores externos no teor lipídico

Para além das diferenças interespecíficas e tecidulares acima referidas, o teor e a distribuição dos lípidos nos diferentes compartimentos corporais dos peixes variam em função dos factores ambientais. A temperatura e a salinidade da água e os factores fisiológicos, como a idade, o sexo, a maturação sexual e os antecedentes nutricionais, têm efeitos variáveis sobre os lípidos.

4-1-Fonte de alimentação

Numerosos estudos mostraram que a composição bioquímica dos peixes pode ser modificada quantitativa e qualitativamente pela ingestão alimentar, em particular pela composição da dieta e pelo seu conteúdo energético (Shearer et al., 1997; Jobling et al., 1998; Johansson et al., 2000 e Médale et al., 2003). Embora seja o conteúdo energético absorvido dos alimentos que é importante, existe uma relação estreita entre o conteúdo lipídico dos alimentos e o conteúdo lipídico corporal (Cowey, 1993; Kaushik, 1997).

Na aquicultura, vários estudos demonstraram que um aumento do teor lipídico dos alimentos permite uma melhor utilização das proteínas para o crescimento. Os lípidos são então o substrato energético preferido (Takeuchi et al., 1978; Hillestad e Johnsen, 1994).

Este é o conceito de proteína poupadora de lípidos, que não só melhora o desempenho em termos de crescimento como também reduz as emissões de azoto ao limitar a oxidação dos aminoácidos (Kaushik e Oliva-Teles, 1985; Kaushik, 1997; Cho e Bureau, 2001; Hemre et al., 2002; Dabrowski e Guderley, 2002).

Por exemplo, em peixes de água doce, a alimentação com dietas isoproteicas com diferentes teores de lípidos (variando de 5% a 20% de lípidos) resulta num aumento significativo dos depósitos de lípidos periviscerais e num aumento moderado do teor de lípidos musculares. O teor de lípidos no fígado não varia significativamente (Takeuchi et al., 1978; Corraze e Kaushik, 1999).

Estes resultados foram também demonstrados noutros peixes catádromos (salmão) (Hillestad e Johnsen, 1994).

Nos peixes marinhos, como o robalo (*Dicentrachus labrax*) ou o bacalhau (*Gadus morhua*), são sobretudo os lípidos do fígado que aumentam em resposta a uma dieta rica em gordura. O conteúdo lipídico do músculo e das vísceras não é significativamente alterado (; Nanton et al., 2001).

Nos peixes, a digestibilidade dos lípidos é frequentemente superior a 92%, independentemente da sua origem (animal ou vegetal). A natureza dos ácidos gordos que compõem os lípidos influencia a sua digestibilidade, que aumenta com o seu grau de insaturação (Takeuchi et al., 1979; Sigur Gisladottir et al., 1992; Johnsen et al., 2000). No entanto, nem todas as espécies têm a mesma capacidade de utilizar os lípidos e as proteínas de reserva.

4-1-1-Excesso de lípidos alimentares nos peixes

Níveis elevados de gordura na dieta podem reduzir a digestibilidade dos alimentos, como foi observado no bacalhau (Lie et al., 1988), no peixe-gato (Andrews et al., 1978) e no esturjão (Médale et al., 1991).

No pregado, um teor de lípidos superior a 10% na ração diminui a taxa de crescimento (Regost et al., 2001). No entanto, algumas espécies, como a truta arco-íris, o salmão do Atlântico e o alabote, toleram níveis elevados de lípidos na alimentação (até 30% da massa seca da ração) (Aksnes et al., 1996; Rasmussen et al., 2000; Tortensen et al., 2000).

4-1-2- Aquicultura

Nos últimos 25 anos, a composição dos alimentos comerciais para peixes tem-se alterado gradualmente, com uma diminuição do teor de proteínas combinada com um aumento do teor de lípidos. O teor de lípidos é frequentemente superior a 25% da ração do salmão (Hemre e Sandnes, 1999) e pode atingir quase 40% da ração (Einen e Roem, 1997; Torstensen et al., 2000).

Embora estes alimentos altamente energéticos melhorem o desempenho do crescimento, também conduzem a um aumento dos depósitos de lípidos (Watanabe, 1982; Corraze e Kaushik, 1999). O desenvolvimento excessivo destes depósitos pode ter repercussões negativas na qualidade dos produtos da pesca.

4-2-Temperatura

Em particular, a temperatura é um importante regulador das necessidades energéticas e da utilização metabólica dos nutrientes (Médale et al., 1991), bem como da taxa de enchimento gástrico e do tempo de esvaziamento (Brett 1979; Kaushik, 1986). Em geral, a absorção de nutrientes é mais lenta nos peixes do que nos mamíferos, devido à sua temperatura corporal mais baixa. A absorção depende da dieta, sendo mais lenta nos omnívoros e mais rápida nos carnívoros (Kapoor et al., 1975). A temperaturas mais baixas, os peixes podem mesmo deixar de se alimentar (Médale et al., 1991).

Assim, o aumento da temperatura da água é acompanhado por um aumento do teor de lípidos do corpo, resultante essencialmente de um aumento da quantidade de alimento ingerido (Brauge et al., 1995).

É também provável que a temperatura da água afecte as flutuações espectaculares da composição lipídica dos peixes: observa-se um aumento do teor de AGPI e uma diminuição do teor de AGS quando a temperatura diminui (Greene e Selivonchick, 1987), o que permite aos peixes preservar a fluidez das estruturas membranares.

4-3- Idade

Os peixes distinguem-se dos outros vertebrados pelo seu crescimento prolongado ao longo da vida, quando este ocorre em condições ambientais, fisiológicas e alimentares favoráveis (Greer-Walker, 1970; Stickland, 1983; Weatherley e Gill, 1987). Por conseguinte, o conteúdo lipídico do corpo tende necessariamente a aumentar à medida que o tamanho do peixe aumenta (Denton e Yousef, 1976; Reinitz, 1983; Rasmussen e Ostenfeld, 2000).

Este aumento do teor de lípidos é geralmente acompanhado de uma diminuição do teor de água, enquanto o teor de proteínas permanece relativamente estável (Henderson e Tocher, 1987; Shearer, 1994; Jobling et al., 1998). Este aumento dos lípidos corporais com o tamanho do peixe afecta principalmente os locais de deposição preferenciais da espécie em questão.

Assim, o aumento do tecido adiposo na idade adulta deve-se principalmente a um aumento do tamanho das células existentes (hipertrofia), assumindo-se que o número de adipócitos é constante. Alguns estudos (Faust et al., 1978; Faust e Miller, 1981) mostraram que também pode haver recrutamento de novas células (hiperplasia) em resposta a dietas ricas em lípidos ou hidratos de carbono, mas este fenómeno parece ser limitado aos mamíferos. Nos peixes, podem distinguir-se no tecido adiposo diferentes populações de células esféricas com diâmetros que variam entre 5 e mais de 200 μm, medindo a maioria entre 20 e 60 μm (Zhou et al., 1996).

A presença de um grande número de pequenos adipócitos é caraterística do desenvolvimento hiperplásico do tecido adiposo. Nos peixes, o volume do tecido adiposo aumenta tanto por hipertrofia das células existentes como por hiperplasia, ao longo da vida do animal (Fauconneau et al., 1997; Gelineau et al., 2001).

4-4- Maturidade sexual

O desenvolvimento das gónadas na altura da maturação sexual conduz a uma mobilização dos lípidos corporais nos peixes. Esta mobilização de lípidos corporais é mais acentuada nas fêmeas do que nos machos, uma vez que as necessidades energéticas ligadas ao desenvolvimento dos ovários e dos ovócitos são mais elevadas (Henderson e Tocher, 1987). Os locais de armazenamento afectados por esta mobilização diferem em função da fase de reprodução.

III-5-PUFAs no peixe

5-1-Papéis fisiológicos dos AGPI nos peixes

Compreender melhor por que razão os peixes se caracterizam por níveis elevados de ómega 3 e ómega 6, que não são sintetizados pela sua maquinaria metabólica. Estes níveis dependem de uma série de factores, incluindo a dieta e a fisiologia dos tecidos. Os peixes são vertebrados poiquilotérmicos, pelo que a sua temperatura corporal é determinada pela do ambiente circundante. Para escapar e adaptar-se a estas variações de temperatura, por vezes agudas, precisam de manter a sua plasticidade celular.
Isto é resolvido através da incorporação de estruturas lipídicas nos seus tecidos para resistir às variações do ambiente.
Estes lípidos são os PUFAs (DHA e EPA), as suas cadeias de carbono são longas e um elevado número de posições confere à molécula uma enorme plasticidade, que mantém

a fluidez da membrana celular mesmo a temperaturas muito baixas (Eldho et al., 2003). Por vezes, assiste-se mesmo à formação de ilhas de fluidez, que são lípidos ricos em DHA. Isto permite que as proteínas transmembranares (Na+-K+ ATPase, citocromo oxidases, etc.) adoptem a conformação ideal para a sua função (Arts e Kolher, 2009). Mesmo com enormes variações de temperatura, o mosaico fluido conserva todas as suas capacidades funcionais: absorção e formação de vesículas, permeabilidade e transporte (Wassal et al., 2004). Outros autores sublinharam o papel estrutural e modulador destes ácidos gordos essenciais; Sargent et al. (1990) demonstraram que as larvas de peixe necessitam de DHA para completar o desenvolvimento do tubo nervoso, que está incompleto aquando da eclosão. Nesta fase, qualquer deficiência ou falta de ingestão de DHA provoca uma paragem no desenvolvimento, bem como perturbações do sistema nervoso, especialmente nos olhos. Estas perturbações nervosas apresentam os seguintes sintomas

-Anomalias comportamentais espectaculares no voo, na predação e na formação de bandos (migração).

- Defeitos de pigmentação.

Este facto tende a aumentar a taxa de letalidade entre as larvas e os juvenis no ambiente natural, uma vez que são vulneráveis, lentos e propensos a predadores.

Embora a ingestão de uma dieta rica em PUFAs, com uma relação DHA/EPA/ARA inadequada, possa ter efeitos notáveis na resistência ao stress e na imunidade (Koven et al., 2003; Van Anholt et al., 2004; Arts e Koher, 2009).

Os AGP estão também envolvidos na síntese de várias moléculas, como a prostaglandina e a tromboxona (Schmitz e Ecker, 2008). Estão envolvidos na regulação de vários processos biológicos: vasoconstrição, imunidade, regulação hidromineral (Arts e Kolher, 2009; Schmitz e Ecter, 2008).

Os eicosanóides incluem as prostaglandinas derivadas do EPA ou do ARA, que são reguladores antagónicos (Olsen, 1998; Calder, 2009).

Os níveis de eicosanóides são parcialmente influenciados pela ingestão alimentar (Olsen, 1998). Isto explica como as proporções relativas de AGPI na alimentação podem afetar a fisiologia animal.

Do ponto de vista dos factores tróficos, no seu ambiente natural, os peixes marinhos da base da cadeia trófica encontram estas moléculas no fitoplâncton de que se alimentam e que tem uma elevada concentração de AGPI n-3 (Sargent et al., 1989).

Eles próprios servem de fonte de AGPI n-3 para os peixes de um nível trófico superior (Watanabe, 1982; Reinitz, 1983; Henderson e Tocher, 1987).

Pelo contrário, a dieta dos peixes de água doce é mais rica em ácidos linoleico e linolénico (Tocher, 2003). Estes peixes necessitam, portanto, de converter estes ácidos gordos C18 em AGPI para manter a fluidez das suas membranas. Consequentemente, e ao contrário das espécies marinhas, a maioria dos peixes de água doce tem uma excelente capacidade de alongar e dessaturar os seus ácidos gordos C18 em ácidos gordos de cadeia mais longa (Sargent et al., 1999).

5-2-Distribuição dos diferentes tipos de ácidos gordos nos triglicéridos celulares

Dado o impacto nutricional do EPA e do DHA e a importância da biodisponibilidade dos AGPI, é necessário saber exatamente como estes AG se distribuem nos TAG dos peixes. Para estudar esta regiodistribuição, Luddy et al (1963) inventaram um método enzimático que utiliza a lipase pancreática. Esta hidrolisa os AG altamente insaturados (mais de 20 carbonos e 3 insaturações) mais lentamente do que os AG com 16 e 18 carbonos, com pouca ou nenhuma insaturação (Entressrangles et al., 1961). Os GAs 20:5 e 22:6 estão presentes nas posições exteriores dos óleos de peixe.

O método químico, que utiliza reagentes de Grignard, tem sido utilizado para estudar vários óleos de peixe e de mamíferos marinhos (Brocherhoff et al., 1963; Turon et al., 2002). Estes estudos mostram que o EPA e o DHA, quando derivados de mamíferos marinhos, estão mais frequentemente localizados em posições externas nas moléculas de TAG. Esta diferença na estrutura química está ligada a uma observação fisiológica: a composição em AG dos glóbulos vermelhos dos Inuit (que no noroeste do Canadá se alimentam principalmente de mamíferos marinhos) é muito diferente da das pessoas que comem peixe. As diferenças na regiocomposição dos AG nos glóbulos vermelhos poderiam assim ser explicadas pelas diferentes dietas.

III-6-Metabolismo lipídico nos peixes

O armazenamento de ácidos gordos nos tecidos de reserva não é o mesmo em termos de quantidade e qualidade, como demonstrado por (Pascal e Ackman, 1976). Isto indica que o papel principal dos ácidos gordos é fornecer a energia necessária para todas as actividades vitais e, em segundo lugar, construir tecidos. As variações nas proporções de ácidos gordos acumulados e absorvidos estão diretamente relacionadas com a oxidação.

No que diz respeito à síntese, os peixes marinhos não são capazes de transformar 18:2 (n-6) e 18:3 (n-3) em EPA e DHA. Estes dois ácidos gordos polinsaturados de cadeia longa (ómegas 3) devem ser fornecidos através da ingestão alimentar (Bell et al., 1986).

No entanto, a síntese dos AGPI de cadeia longa (DHA, EPA, ARA) é energeticamente dispendiosa, sendo preferível obtê-los a partir da alimentação (Olsen, 1998).

Ao contrário dos peixes de água doce, as espécies marinhas com atividade enzimática Δ5-desaturase nula ou muito reduzida não são capazes de efetuar estas bioconversões a uma taxa apreciável.

Devem então recuperar os AGPI de cadeia longa (DHA, EPA, ARA) através da sua alimentação (Sargent et al., 1995; Sargent et al., 1999; Brett et al., 2009).

Em contrapartida, os peixes de água doce possuem desaturases (Δ6 e Δ5) e elongases que lhes permitem sintetizar todos os PUFAs das séries ω3 e ω6 a partir dos precursores 18 :3 ω3 e 18 :2 ω6 (Henderson e Tocher, 1987; Sargent et al., 1995).

Embora estes PUFAs sejam pouco sintetizados, os peixes necessitam de um fornecimento externo permanente, pelo que são considerados moléculas "essenciais" ou (Ácidos Gordos Essenciais: EFAs). As necessidades exactas em termos de EFAs variam qualitativa e quantitativamente, dependendo da família de peixes em consideração (Sargent et al, 1999).

De facto, no mundo marinho, os principais produtores de EPA e DHA são as microalgas do fitoplâncton. Os peixes produzem poucos ómega 3. Os peixes de viveiro que não têm acesso a nutrientes marinhos contêm muito menos ómega 3.

III-7-Vias metabólicas envolvidas na formação de depósitos lipídicos

As principais vias metabólicas envolvidas na geração e degradação dos depósitos lipídicos nos peixes são geralmente comparáveis às dos mamíferos (Walton e Cowey, 1982):

- Consumo externo de lípidos na alimentação.
- Síntese endógena de novos lípidos a partir de outros nutrientes gordos ou não gordos.
- Transporte sanguíneo e linfático e absorção de lípidos por diferentes tecidos.
- Armazenamento de lípidos nos tecidos de reserva.
- A lipólise e a utilização dos lípidos para fins energéticos.

III-8-Neo-síntese de ácidos gordos

Nos peixes, a síntese de *novo* de ácidos gordos é muito limitada no tecido adiposo, e é essencialmente o fígado que sintetiza ácidos gordos a partir de hidratos de carbono e aminoácidos da dieta (Greene e Selivonchick, 1987). Nos peixes, os principais AGS sintetizados são os C16:0 e C18:0 e, em menor grau, os C14:0, mas as suas percentagens variam consoante a espécie.

Os principais ácidos gordos produzidos pela sintase de ácidos gordos são 16:0 e 14:0 nos peixes gordos. Nos peixes chatos, são 18:0 e 16:0 (Sargent et al., 1989).

Os AGS endógenos e tróficos podem sofrer alongamento e dessaturação para se transformarem noutros ácidos gordos.

A Δ9-desaturase, ou estearoil-CoA dessaturase (SCD), é a principal enzima envolvida na síntese de ácidos gordos monoinsaturados. É inibida por níveis elevados de ácidos oleico, linoleico e linolénico.

III-10-Oxidação dos lípidos

Por exemplo, nos tecidos de reserva hepáticos ou extra-hepáticos, os AG são reesterificados em triglicéridos para serem armazenados nos adipócitos. Em todos os tipos de músculos, são principalmente oxidados para produzir energia sob a forma de ATP.

Após a digestão, a absorção, o transporte e/ou a biossíntese destas moléculas de hidrocarbonetos, o destino destes ácidos gordos varia muito em função dos tecidos em que se encontram.

As células de peixe são duvidosas para a β-oxidação peroxisomal nos hepatócitos.

Estudos exaustivos em bacalhau e arinca demonstraram que a β-oxidação peroxissomal é responsável por 30% de toda a oxidação hepática de ácidos gordos (Crockett e Sidell, 1993; Nanton et al., 2003). No entanto, é mais limitada no músculo branco, onde predomina geralmente a β-oxidação mitocondrial (Nanton et al., 2003).

IV-Benefícios do consumo de AGPI

IV-1-Efeitos dos AGPI no sistema cardiovascular

O consumo de óleo de peixe ou de suplementos de EPA e DHA tem efeitos favoráveis ou neutros no conjunto dos principais factores de risco cardiovascular. A administração oral destes AGPI tem efeitos espectaculares no sistema circulatório (diminuição dos triglicéridos plasmáticos, aumento do colesterol HDL, estabilidade do colesterol total, melhoria da vasodilatação ou da vasoconstrição, diminuição da pressão arterial sistólica e diastólica). Estes efeitos são muito dependentes da quantidade de ácidos gordos ingeridos (Geleijnse et al., 2002; Dickinson et al., 2006; Balk et al., 2006).

Outros estudos demonstraram que o óleo de peixe e os ácidos gordos essenciais n-3 EPA e DHA têm um impacto comprovado na atividade e na frequência cardíaca (Mozaffarian et al., 2006).

Estes resultados são suficientemente consistentes entre estudos para sugerir que estas biomoléculas reduzem as complicações fatais do enfarte do miocárdio (Mozaffarian e Rimm, 2006).

No entanto, os AGPI n-3 LC não oferecem qualquer benefício na prevenção de recaídas de insuficiência cardíaca (Tavazzi et al., 2008).

Em suma, parece justificar-se uma ingestão diária de 500 mg de EPA e DHA para a população em geral, tendo em conta todos os grupos etários. O objetivo é prevenir a maioria dos problemas cardiovasculares. Esta hipótese é apoiada pelo facto de as lesões ateroscleróticas poderem também aparecer durante a infância e mesmo na adolescência (Berenson et al., 1998).

Este facto foi também demonstrado em estudos recentes (Chavarro et al., 2007; Hedelin et al., 2007), mas existe ainda alguma heterogeneidade, embora o número de estudos que demonstram uma redução deste risco esteja a aumentar.

Apenas o estudo japonês (Hirose et al., 2003) mostrou uma redução do risco com um consumo elevado de peixe. No entanto, os efeitos dos ómega 3 e dos ómega 6 não se limitam ao sistema cardiovascular. De facto, estes desempenham um papel na prevenção e na correção de uma série de perturbações fisiológicas e psicológicas.

IV-2-Esteatose hepática

Trabalhos preliminares mostraram que o consumo de PUFAs n-3 LC melhora a esteatose hepática que acompanha as síndromes metabólicas (Capanni et al., 2006; Zivkovic et al., 2007).

IV-3-Degenerescência macular relacionada com a idade

Uma análise japonesa de 9 estudos epidemiológicos mostra que uma ingestão elevada de AGPI-LC está associada a uma redução de 30% no risco de degenerescência macular relacionada com a idade (DMRI) tardia. Foi demonstrado que o consumo regular e contínuo de peixe, pelo menos 2 vezes por semana, está associado a uma redução do risco de DMRI precoce e tardia (Chong et al., 2008).

IV-4-AGPI e depressão

No contexto psiquiátrico, foi frequentemente observada uma diminuição da percentagem de AGPI n-3, em particular de AGPI n-3 de cadeia longa (AGPI n-3 LC), nos lípidos plasmáticos ou nos eritrócitos de pacientes deprimidos, quando comparados com indivíduos de controlo. Este facto é igualmente demonstrado pela correlação positiva entre o aumento dos níveis plasmáticos de ómega 3 e 6 e a redução da depressão (Adams et al., 1996; Maes et al., 1996; Peet et al., 1998; Frasure-Smith et al., 2004).

No entanto, sabe-se que o SNC e a retina são extremamente ricos em lnc-PUFAs: EPA, ARA e DHA. Por conseguinte, o organismo depende destas moléculas para o seu bom funcionamento e desenvolvimento.

Os países asiáticos (Japão, Coreia, Taiwan) e os países mediterrânicos têm um consumo muito elevado de peixe e uma baixa prevalência de depressão (Hibbeln, 1998). A depressão é uma grande preocupação pública, uma vez que aumenta a mortalidade (Cuijpers e Smith, 2002) e é um fator de risco para doenças crónicas como as doenças cardiovasculares (Van der Kooy et al., 2007) e a doença de Alzheimer (Ownby et al., 2006).

IV-5-AGPI e esquizofrenia

Foram realizados ensaios clínicos de intervenção com n-3 PUFA-LC em indivíduos esquizofrénicos. Ensaios não controlados da administração destes compostos em pacientes isolados, também não tratados com outros antioxidantes, mostraram melhorias significativas e rápidas (em dois meses) (Puri et al., 2000).

IV-6-Stress e agressividade

Foram realizados vários ensaios controlados para testar o efeito da suplementação com n-3 PUFA na agressividade, tanto em indivíduos stressados como não stressados. A toma diária de suplementos durante 2-3 meses com 1,5 g de DHA + 0,2 g de EPA preveniu as tendências agressivas em adultos sujeitos a stress natural ou experimental (Hamazaki et al., 1998; Hamazaki et al 2005).

IV-7-Asma e broncoconstrição

Vários argumentos sublinham o papel dos ómega 3 na prevenção da asma e da alergia do trato respiratório (Stephensen, 2004; Mickleborough e Rundell, 2005). Em doses elevadas, os AGPI n-3 LC poderiam desempenhar um papel espetacular na redução da broncoconstrição induzida pelo exercício.

IV-8-Adulto, mãe e recém-nascido

Vários estudos observacionais prospectivos sugerem que o consumo inadequado de AGPI de cadeia longa, em particular de AGPI n-3, durante a gravidez e o aleitamento, pode estar associado a um aumento do risco subsequente. Foram observadas perturbações psicopatológicas nas crianças (autismo, PHDA, perturbações do comportamento social), sem qualquer relação causal com a nutrição. É sabido que são necessárias grandes quantidades de AGPI n-6 e n-3 para o desenvolvimento dos recém-nascidos, uma vez que desempenham um papel ativo na construção das membranas celulares e no desenvolvimento do cérebro e do sistema nervoso central. Isto diz respeito principalmente ao ácido araquidónico (AA, 20:4 n-6) e ao DHA.

In vivo, como a atividade biossintética destes AGL é demasiado baixa para satisfazer as necessidades, é necessário suplementar a dieta do recém-nascido com estes AGL. Uma abordagem que tem sido considerada é a utilização de óleos de peixe no leite. Com este tipo de suplementação, os níveis de DHA no plasma e nos fosfolípidos da membrana dos glóbulos vermelhos são próximos dos observados com o leite materno (Carlson et al., 1992). Contudo, a carência de EPA provoca uma redução da síntese endógena de AA e uma alteração de numerosas reacções fisiológicas (Neddelman et al., 1979; Lee et al., 1985). Para os adultos, o quadro 2 apresenta as recomendações diárias de AG e, de uma forma mais geral, podem ser expressas da seguinte forma

- SFA: 25% da ingestão total de gorduras.
- MUFA: 60% da ingestão total de gorduras.
- AGPI: 15% da ingestão total de gorduras, com uma relação n-6 / n-3 óptima de 5.

Em suma, um suplemento ou uma alimentação rica em PUFAs n-3, nomeadamente em EPA, tende a atenuar as respostas fisiológicas, a corrigir as perturbações biológicas e poderia modular as respostas cognitivas e psicológicas ao stress em voluntários saudáveis.

Quadro 2: Dose Diária Recomendada (DDR) de ácidos gordos (Martin, 2001)

		Homme adulte		Femme adulte	
Apport énergétique total [AET] (kcal / j)		2 200		1 800	
		g / j	% AET	g / j	% AET
Acides gras saturés (AGS)		19,5	8	16	8
Acides gras monoinsaturés (AGMI)		49	20	40	20
A	Ac. Linoléique (C18 : 2 n-6)	10	4	8	4
G	Ac. Linolénique (C18 : 3 n-3)	2	0,8	1,6	0,8
P	AGPI-LC	0,5	0,2	0,4	0,2
I	dont DHA	0,12	0,05	0,1	0,05
Apport lipidique total		81	33	66	33

AGPI : Acides Gras PolyInsaturés ***AGPI-LC : AGPI à Longue Chaine*** ***DHA : Ac. DocosaHexaenoique (C22 : 6 N-3)***

Materiais e métodos

I-Amostragem

I-1-Material biológico

Este estudo baseou-se em 3 lotes de uma única espécie de labrídeo, Symphodus *tinca* (Linnaeus, 1758), a mais comum nas águas tunisinas (Baradai, 2000). Cada lote era constituído por 12 exemplares, dos quais 6 machos e 6 fêmeas foram examinados em cada local.

O nosso material biológico foi recolhido durante a primavera (março), que está incluído no período reprodutivo da espécie, e em 3 estações diferentes:

- Estação marítima: Noroeste (Tabarka).
- Estância insular: Sudeste (Djerba)
- Estação lagunar: Nordeste (lagoa de Ghar Elmelh).

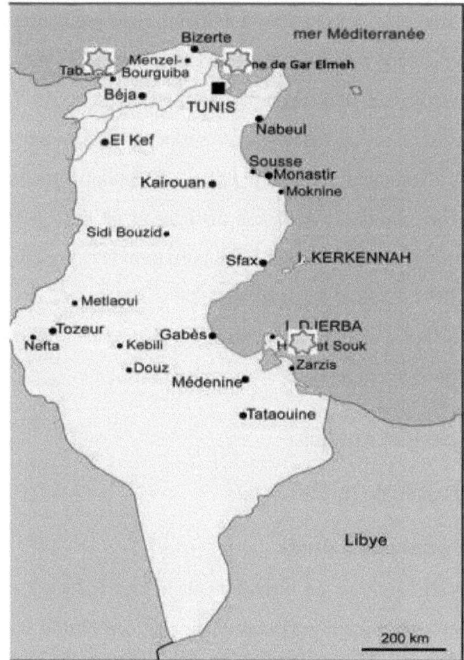

Figura 9: Mapa da Tunísia - localização dos locais de amostragem

Fonte (Google.com.).

I-2-Precauções e armazenamento

A amostragem foi efectuada com cuidado, escolhendo peixes em bom estado, não esmagados e, sobretudo, frescos para obter bons resultados, quer para as medições morfométricas quer para a qualidade e quantidade de lípidos nos diferentes órgãos. Uma vez capturados, os peixes são rapidamente levados para o laboratório a baixas temperaturas, numa caixa frigorífica ou num saco isotérmico, para evitar a biodegradação dos tecidos.

Embora existam, pelo menos, dois tipos de deterioração do peixe: bacteriana e enzimática (Uchyama e Ehira, 1974).

Ao baixar a temperatura para cerca de 0°C, o desenvolvimento de microrganismos patogénicos e de deterioração é reduzido. Isto reduz a taxa de deterioração do peixe por esses microrganismos. No passado, a redução da temperatura de conservação também reduziu a velocidade das reacções enzimáticas.

No laboratório, os peixes são processados imediatamente ou mantidos refrigerados a -40°C até ao momento da análise para evitar qualquer alteração na composição lipídica. Além disso, durante a análise e dissecação de cada indivíduo, foram determinados parâmetros dos peixes, tais como o peso total (Pt), o peso eviscerado (Pev), o peso do fígado (Pf) e o peso das gónadas (Pg).

Todas as medições foram efectuadas com uma balança de precisão, que foi utilizada para os parâmetros de peso.

II-Composição lipídica

II-1-Extração de lípidos totais

1-1-Princípio do método

A extração baseia-se na hidrofobicidade dos lípidos e na sua miscibilidade com o clorofórmio. O princípio do método baseia-se, portanto, na combinação de um solvente polar, o metanol, que desestabiliza as ligações de hidrogénio, e de um solvente não polar, o clorofórmio, que arrasta os lípidos das membranas.

1-2-Extração

Os lípidos totais foram estimados segundo o método de Floch et al (1957), modificado por Bleyh e Dyer (1959). Os filetes de carne do fígado e das gónadas, pesando 1 grama, foram extraídos com uma mistura de clorofórmio-metanol (2:1 V/V), 0,01% de BHT e uma solução de NaCl a 15%. Cada espécime é completamente triturado num almofariz de porcelana, com a adição gradual de 30 ml da solução de clorofórmio. De seguida, adicionam-se 8 ml de solução de NaCl à trituração para ajudar a separar a fase proteica da rejeitada. A mistura total foi então centrifugada a 4000 rpm durante 20 minutos. Finalmente, obtêm-se 3 fases:

- Uma fase aquosa superior que contém água salgada, proteínas e lipoproteínas.

- Uma fase intermédia do tecido.
- Uma fase inferior clorofórmica contendo lípidos totais.

A fase proteica foi retida com uma pipeta de Pasteur e depois descartada. A fase clorofórmica foi recuperada com uma seringa e depois colocada num balão de peso vazio conhecido PV. Este extrato é completamente evaporado com um rotativo de vapor. A temperatura foi mantida a 40°C, a fim de recuperar o depósito adiposo seco. O peso do resíduo oleoso é, portanto, a diferença entre o peso vazio do frasco (PV) e o seu peso seco final (Pf). O teor de lípidos de 100 gramas de material fresco da amostra é estimado pela seguinte fórmula

***Gordura (%) = pf - PV /p (órgão) 100**

Com :

-Pi: peso inicial da bola.

-Pf: massa final do balão que contém a fração de óleo seco.

-P (órgão): peso do órgão a analisar (carne, fígado ou gónada).

Para evitar qualquer deterioração das gorduras secas, adicionam-se 2 ml de clorofórmio ou de uma mistura de tolueno-etanol (4:1, V:v) a cada pellet, sendo depois os extractos colocados num frigorífico a -40°C.

II-Metilação

Ou reação de transesterificação, que quebra as ligações entre a molécula de glicerol e os três ácidos gordos para os TAG e entre o ácido gordo e o álcool gordo para as ceras. Esta reação liberta ácidos gordos que são metilados e reesterificados pelo metanol.

II-1-Obtenção de ésteres metílicos de ácidos gordos

O método adotado para a obtenção de ésteres metílicos é o de Cecchi et al (1985). O princípio é a transesterificação dos ácidos gordos.

II-2-Protocolo experimental

Retirar 20 µL do extrato lipídico conservado e secá-lo com azoto gasoso.

- Adicionar 2 ml de hexano para assegurar a solubilidade dos AG na fase orgânica.

Adicionar 0,5 ml de metóxido de sódio para tornar os AG voláteis na coluna de GC.

- Agitar a mistura em vórtice e deixar em repouso durante 2 minutos para diluir os AG na fase orgânica.

Adicionar 0,2 ml de H_2SO_4 seguido de 1,5 ml de NaCl (15%) para separar a fase aquosa residual.

-Centrifugar a 2000 rpm durante 10 minutos e recuperar o sobrenadante.

Após secagem com azoto, adicionam-se entre 100 e 300 µL de hexano, dependendo da concentração da mistura.

III-Separação de ácidos gordos

Após metilação, os AG foram analisados por cromatografia em fase gasosa utilizando um cromatógrafo de marca (Agiles Technologies, Santa Clara, CA, EUA) modelo 6890 N equipado com um FID (detetor de ionização de chama) e uma coluna capilar INNOWAX; dimensões: 30 m de comprimento e 0,25 mm de diâmetro interno, a espessura do filme é de 0,25 mm (Agiles Technologies). O injetor é um capilar Intel split ou splitless. A temperatura do detetor foi regulada para 280°C e a temperatura do injetor foi mantida a 230°C.

Esta cromatografia é utilizada para separar as moléculas de ácidos gordos contidas no extrato metilado, tornando os diferentes compostos voláteis por aquecimento, sem os decompor.

O extrato de 1 ul de volume foi colocado na cabeça da coluna através de uma microsseringa, migrando em direção ao injetor, que é uma câmara localizada no topo da coluna. O caudal de azoto como gás de arrastamento foi regulado a 1,5 ml/min numa estufa a uma temperatura constante de cerca de 150°C durante 1 min, sendo depois aumentado gradualmente por programação a um ritmo de 15°C/min até 210°C. A temperatura foi então mantida constante durante 5 minutos e finalmente programada para 250°C a uma taxa de 4°C/min. Este aumento de temperatura foi utilizado para evaporar o extrato.

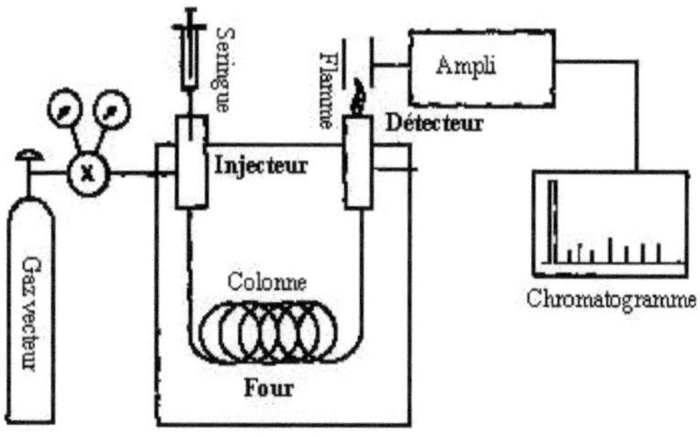

Figura 10: Diferentes componentes de um cromatógrafo (FID)

Assim volatilizadas, as diferentes moléculas são transportadas por este gás para a fase estacionária, onde ficam retidas; neste ponto, todas as moléculas são separadas de acordo com a sua afinidade com esta fase (Figura 10).

Os constituintes são todos retidos e libertados separadamente, pelo que o composto com menor afinidade para a fase estacionária passaria menos tempo a sair da coluna.

Ao sair da coluna, as moléculas encontram o detetor FID, que é muito sensível aos compostos orgânicos. O efluente é então queimado por uma chama de ar-hidrogénio. A combustão liberta iões de carbono, que são recolhidos pelos eléctrodos que rodeiam a chama.

A carga eléctrica dos iões é amplificada por um eletrómetro, transformando-os numa tensão que é enviada para um registador, informando-o da qualidade de cada componente e das suas diferentes propriedades físicas.

As análises foram efectuadas num analisador Hitachi 912 (Roche Diagnostics GmbH, Mannheim, Alemanha). Para cada molécula, foi gerado um cromatograma, constituído por várias curvas cujos picos variavam consoante a intensidade da molécula em análise.

IV-Identificação dos ácidos gordos

A análise dos cromatogramas obtidos é relativamente complexa, dada a quantidade de ácidos gordos presentes nas amostras. Em média, cada amostra analisada contém cerca de quinze ácidos gordos diferentes.

Para melhor determinar os tempos de retenção e os factores específicos de cada éster, injectámos várias soluções padrão e calculámos as médias, que depois introduzimos no integrador ou registador.
Assim, para identificar com certeza cada um dos ácidos gordos presentes, comparamos os tempos de retenção dos compostos da amostra com os da mistura padrão PUFA No.
Para poder quantificar os ácidos gordos nas amostras a analisar, é necessário, em primeiro lugar, elaborar curvas de calibração para estes diferentes compostos. Além disso, antes de utilizar estas curvas, é necessário verificar a sua linearidade.
Na saída, o cromatograma apresentará uma série de picos mais ou menos separados, maiores ou mais pequenos e mais largos ou mais estreitos. Dependendo do método de deteção, a área de superfície de um pico é proporcional à quantidade de produto representada por esse pico. Medindo a área de superfície de cada pico e relacionando-a com a área de superfície total de todos os picos, podemos determinar a percentagem de cada um dos componentes contidos na mistura analisada.
Os tempos de retenção e as áreas dos picos são determinados a partir do ficheiro registado, utilizando um programa informático específico. Este programa imprime um relatório de análise com os tempos de retenção e as áreas de cada pico. Trata-se, de facto, de um pequeno computador que recupera todos os dados dos detectores, traça os cromatogramas e integra as áreas dos picos. Pode ser programado para efetuar os vários cálculos que conduzem a concentrações a partir de cromatogramas padrão e de cromatogramas das misturas analisadas.
Quando os picos estão mal separados, a área de superfície dos picos individuais pode ser deduzida por aproximação e as concentrações podem ainda ser estimadas.

Resultados

I-Comparações dos rácios hepatossomáticos e gonadossomáticos entre machos e fêmeas de *Symphodus tinca* das três estações (mês de março)

A Tabela 3 mostra as variações de RGS e RHS de machos e fêmeas de *Symphodus tinca* nos três ambientes (marinho, insular e lagunar) durante o mês de março.

Tabela 3: Comparação dos rácios hepato-somático e gonado-somático entre machos e fêmeas de *Symphodus tinca* nas três estações.

	Mulheres marinha	Homens marinheir os	Mulheres ilhéus	Homens ilhéus	Mulheres lagoa	Homens lagoas
RGS	3,90 ± 0,27	1,54 ± 0,19	3,97 ± 0,41	1,61 ± 0,02	2,5 4 ± 0.72	1,44 ± 0,11
RHS	0,89 ± 0,03	1,64 ± 0,34	0,67 ± 0,08	1,23 ± 0,03	0,69 ± 0,05	1,27 ± 0,18

Para todos os ambientes (marinho, lagunar e insular), o RGS das fêmeas estudadas é maior (♀I= 3,97 ± 0,41; ♀M = 3,90 ± 0,27 e ♀L= 2,54 ± 0,72) do que o dos machos (♂I= 1,61 ± 0,02; ♂M= 1,54 ± 0,19e ♂L=1,44 ± 0,11). De referir ainda que os indivíduos insulares indicam o RGS mais elevado, o médio para os indivíduos marinhos e o mais baixo para os espécimes lagunares.

Os resultados mostraram que qualquer que seja a população estudada, o sexo masculino apresentou o maior (RHS) em comparação com o sexo feminino (♂I = 1,23 ± 0,03; ♀I= 0,67 ± 0,08) e (♂M=1,64 ± 0,34; ♀M= 0,89 ± 0,03). (♂L= 1,27 ± 0,18; ♀L=0,69 ± 0,05). Na polulação insular, observamos que são especificados pelo menor RHS (♀I= 0,67 ± 0,08; ♂I =1,23 ± 0,03) e pelo maior RGS de todos os lotes examinados (♀I= 3,97 ± 0,41; ♂I= 1,61 ± 0,02), (Tabela 3).

II- Estudo quantitativo dos lípidos dos tecidos

II-1- Comparação do teor de lípidos totais de *Symphodus tinca* da população marinha em função do sexo (mês de março)

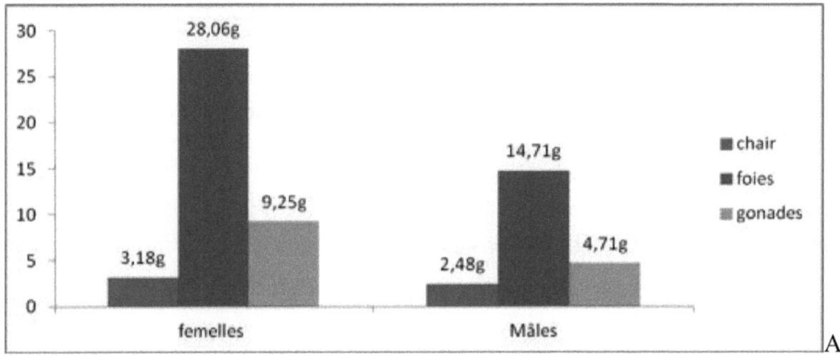

A figura 11 mostra as variações do teor de lípidos na carne, no fígado e nas gónadas de machos e fêmeas de *Symphodus tinca* no meio marinho durante o mês de março.

Figura 11: Níveis de lípidos totais em machos e fêmeas de *Symphodus tinca* no meio marinho (mês de março).

Em relação aos resultados apresentados nesta figura, verificamos que a quantidade de lípidos contidos nos músculos das fêmeas é estimada em: 3,18 ± 0,25g/100g de matéria fresca, é maior do que a representada pelos filés dos machos (2,48 ± 0,31g/100g de matéria fresca).

Também ao nível dos fígados e das gónadas, as fêmeas apresentam níveis de gordura mais elevados (28,06 ± 2,49g e 9,25 ± 0,62g/100g de matéria fresca) do que os machos (14,76 ± 1,03g e 4,71 ± 0,52g/100g de matéria fresca), respetivamente para os fígados e gónadas dos machos. Em todos os órgãos, as fêmeas marinhas acumulam mais gordura do que os machos que andam à deriva no mesmo sítio.

II-2-Comparação dos perfis lipídicos de *Symphodus tinca* da população insular em função do sexo (mês de março)

A figura 12 mostra as variações do teor de gordura nos três órgãos (carne, fígado e gónadas) dos indivíduos *Symphodus tinca* (machos e fêmeas) provenientes das costas insulares, durante o período de maturação.

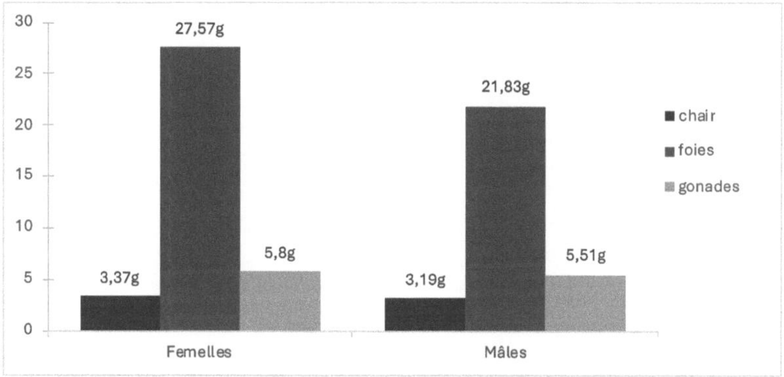

Figura 12: Níveis de lípidos totais em machos e fêmeas de *Symphodus tinca* do ambiente insular (mês de março).

Os níveis de lípidos na carne de machos e fêmeas foram semelhantes, mas mais elevados nos machos. Estes níveis são (3,19 ± 0,66g/100g de matéria fresca) e (3,37 ± 0,49g/100g de matéria fresca), respetivamente para a carne de machos e fêmeas.

Os perfis lipídicos dos fígados e das gónadas mostram que as fêmeas apresentam níveis mais elevados do que os machos. Esses teores são da ordem de 27,57 ± 4,78g e 5,8 ± 0,34g/100 g de matéria fresca, respetivamente em fígados e gônadas de fêmeas ♀. Enquanto as taxas representadas pelos machos são da ordem de 21,83 ± 2,35g/100 g para fígados e 5,51 ± 0,62 g/100 g de matéria fresca para gônadas ♂.

II-3-Comparação dos perfis lipídicos de machos e fêmeas de *Symphodus tinca* da estação lagunar (março)

A figura 13 mostra uma comparação dos níveis de lípidos na carne, fígado e gónadas de machos e fêmeas de *Symphodus tinca* provenientes do ambiente lagunar.

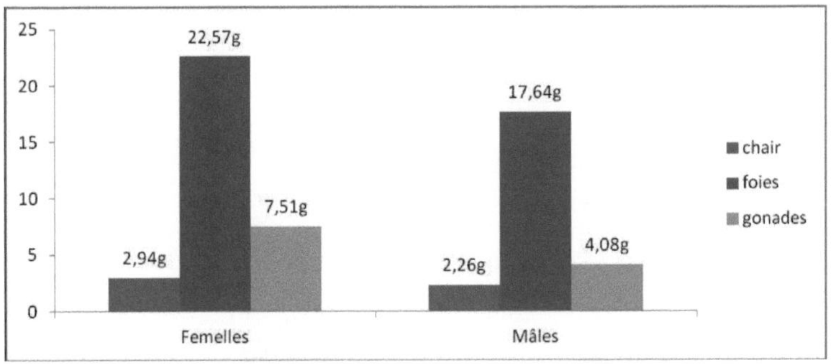

Figura 13: Níveis de lípidos totais em machos e fêmeas de *Symphodus tinca* em ambientes lagunares (março).

Os perfis lipídicos estabelecidos para a população da lagoa mostram que as fêmeas de pavão crenilabro apresentam os níveis lipídicos mais elevados nos três órgãos (Figura 13).

A carne contém: 2,94 ± 0,83 g/100 g de matéria fresca (para as fêmeas) em comparação com 2,26 ± 0,42 g/100 g de matéria fresca (para os machos). Estes níveis indicam que esta população tem o teor mais baixo de lípidos musculares em comparação com as outras duas populações (Figuras 11, 12 e 13). Para os fígados, esta fração é de cerca de 22,57 ± 3,10g/100 g MF, para as fêmeas, em comparação com 17,64 ± 2,09g/100 g MF, para os machos. Além disso, as gônadas femininas apresentam uma taxa de (7,51 ± 0,82g/100 g MF) que é maior do que (4,08 ± 0,90g/100 g MF) nas gônadas masculinas.

Em ambos os sexos, os fígados contêm mais lípidos do que as gónadas e os filetes. Esta disposição quantitativa dos níveis de lípidos é semelhante à do perfil lipídico da população marinha e insular, com o fígado e as gónadas a representarem os níveis mais elevados em comparação com os filetes (Figuras 11, 12 e 13).

II-4-Comparação dos perfis lipídicos das fêmeas de *Symphodus tinca* nos três ambientes (mês de março)

A figura 14 mostra uma comparação dos níveis de lípidos na carne, fígado e gónadas entre as fêmeas de *Symphodus tinca* de três populações: marinha, lagunar e insular durante o período de maturação.

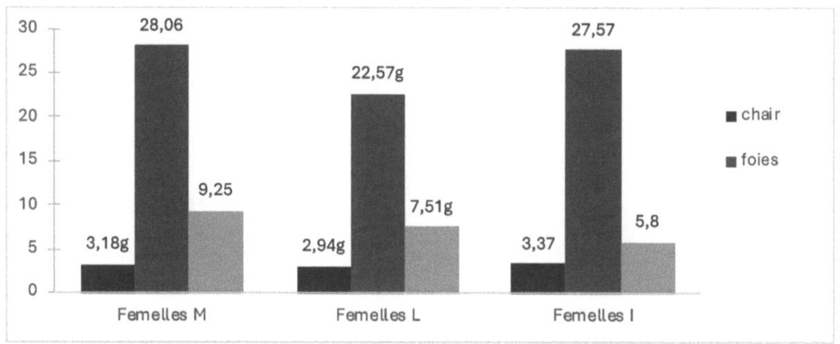

Figura 14: Níveis de lípidos nas trombas das fêmeas de *Symphodus tinca* provenientes de ambientes marinhos, lagunares e insulares (mês de março).

Com base nos valores apresentados nesta figura, verifica-se que a carne das fêmeas insulares e marinhas apresenta teores de lípidos semelhantes, com 3,18 ± 0,25g e 3,37 ± 0,49g/100 g MF, respetivamente. Estes níveis são superiores aos do ambiente lagunar, onde o teor é de 2,94 g±/100 g MF.

Os fígados das fêmeas marinhas e insulares apresentaram níveis semelhantes, com 28,06 ± 2,49 g e 27,57 ± 4,78g/100 g MF, respetivamente. Por outro lado, o nível mínimo é de 22,57 ± 3,10g/100 g MF, registado nos fígados dos indivíduos que vivem na lagoa.

Assim, a mobilização de lípidos está mais avançada nas fêmeas marinhas e insulares, o que favorece uma maturação mais precoce do que nas fêmeas que vivem nas lagoas. Durante o período de maturação, as gónadas das fêmeas provenientes do meio marinho apresentam o teor de lípidos mais elevado (9,25 ± 0,62g/100 g FFM), enquanto que as das fêmeas provenientes da população lagunar apresentam o teor mais baixo (7,51 ± 0,82g/100 g FFM). Os ovários das fêmeas das ilhas, por outro lado, apresentam o teor lipídico mais baixo, com cerca de 5,80 ± 0,34g/100 g FFM.

II-5-Comparação do perfil lipídico entre machos de Symphodus tinca dos três ambientes (mês de março)

A figura 15 mostra um estudo comparativo dos perfis lipídicos dos fígados e das gónadas de três lotes de machos das populações marinha, lagunar e insular no período de maturação (março).

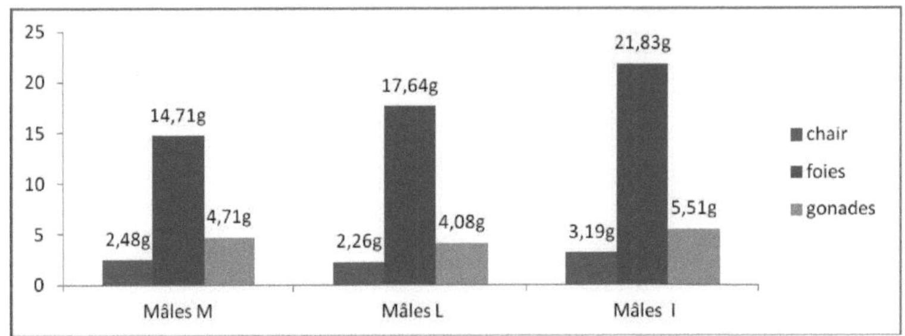

Figura 15: Níveis de lípidos totais em machos de *Symphodus tinca* provenientes de lagoas marinhas e ilhas (março).

O teor em lípidos da carne dos machos dos três ambientes apresenta as seguintes variações: O teor mais elevado foi registado nos indivíduos insulares, com cerca de 3,19 ±0,66g/100g MF, o médio nos exemplares marinhos (2,48 ± 0,31g/100g MF) e o mais baixo nos machos lagunares (2,26 ± 0,42g/100g MF).

A comparação dos 3 perfis lipídicos dos fígados dos machos mostra que os machos da ilha têm o teor mais elevado em comparação com os outros (lagunar e marinho). Os conteúdos são: 21,83 ± 2,35g; 17,64 ± 2,09g e 14,71 ± 1,03g /100g MF, aproximadamente para os machos da ilha, da lagoa e marinhos. Durante o período de maturação, as gónadas dos machos da população da lagoa apresentaram o menor teor de lípidos (4,08 ± 0,90g/100g MF), em comparação com as outras duas, da estação insular (5,51 ± 0,62g) e da estação marinha (4,71 ± 0,52g/100g MF).

III-Análise qualitativa dos ácidos gordos

A análise dos extractos metilados dos diferentes órgãos por cromatografia em fase gasosa permitiu identificar 15 ácidos gordos de cadeia longa presentes nos lípidos totais da carne, do fígado e das gónadas de *Symphodus tinca* (apêndice 2).

III-1-Comparação da composição em ácidos gordos entre machos e fêmeas da população marinha de *Symphodus tinca* (mês de março)

1-1-Comparação da composição em ácidos gordos da carne entre indivíduos (♂+♀) da população marinha

De acordo com a figura 16, para todos os indivíduos do meio marinho do norte, a carne apresenta a mesma disposição quantitativa das classes de ácidos gordos:

Os ácidos gordos polinsaturados são a classe maioritária de AGT, com proporções de 55,58% para as mulheres e 47,83% para os homens.

Assim, quer se trate de homens ou de mulheres, os lípidos musculares são compostos essencialmente por AGPI, secundariamente por AGS e, em menor grau, por AGMI.

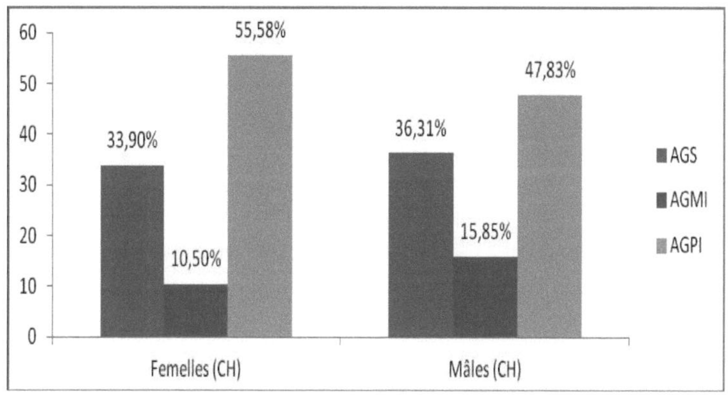

Figura 16: Variação das percentagens de ácidos gordos saturados (SFA), monoinsaturados (MUFA) e polinsaturados (PUFA) na carne da população marinha de *Symphodus tinca* em função do sexo (mês de março).

Os lípidos da carne das fêmeas da costa de Tabarka apresentam as percentagens mais baixas de SFA quando comparados com os dos machos da mesma estação. Estas percentagens são de 36,31% e 33,90%, respetivamente de machos e fêmeas (Figura 16). No entanto, a carne dos espécimes do sexo feminino apresenta o teor mais elevado de AGPI, em comparação com a dos machos, com 55,58% e 47,83% para as fêmeas e os machos, respetivamente.

No que respeita aos AGMI, o nível representado pelos AGT dos machos é de 15,85%, superior ao dos filetes das fêmeas: 10,50%.

1-2-Comparação da composição em ácidos gordos dos fígados de indivíduos (♂+♀) da população marinha

Em contraste com os perfis lipídicos da carne, a classe maioritária dos AGL do fígado são os AGS e, em menor grau, os AGPI e os AGMI (figura 17). No entanto, existe uma variação na composição de AGL do fígado em função do sexo: as fêmeas marinhas apresentam as percentagens mais elevadas de AGS (46,01%) e AGPI (41,33%), em comparação com os machos da mesma estação, cujos teores são de

40,28% e 35,16%, respetivamente para AGS e AGPI.

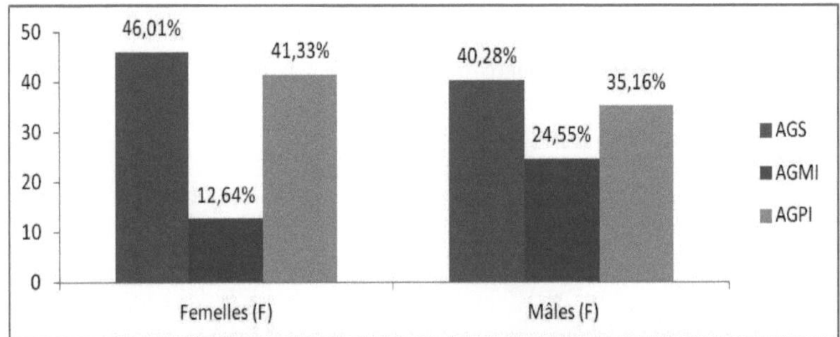

Figura 17: Variações das percentagens de ácidos gordos saturados (SFA), monoinsaturados (MUFA) e polinsaturados (PUFA) nos fígados da população marinha de *Symphodus tinca* em função do sexo (mês de março).

Os dois perfis de gordura hepática mostram uma variação significativa nos níveis de MUFA: os lípidos hepáticos nas mulheres são muito baixos, com cerca de 12,64%, em comparação com cerca de 24,5% nos homens.

1-3-Comparação da composição em ácidos gordos das gónadas de indivíduos (♂+♀) da população marinha

Um estudo comparativo da composição em AG das gónadas de espécimes marinhos mostra que, à semelhança do que acontece com a sua carne, também os PUFAs apresentam o nível mais elevado nos lípidos totais extraídos das gónadas de machos e fêmeas. Estes níveis são estimados em 58,25% para as♀ gónadas, e 51,94% para as ♂ gónadas (Figura 18).

Os AGT nas gónadas masculinas são superiores aos dos ovários, enquanto os níveis de AGS são semelhantes e ligeiramente superiores nos machos. Os níveis de MUFA e SFA, respetivamente, são : 10,79% e 31,95% para as gónadas femininas; 15,30% e 32,74% para as gónadas masculinas (Figura 18).

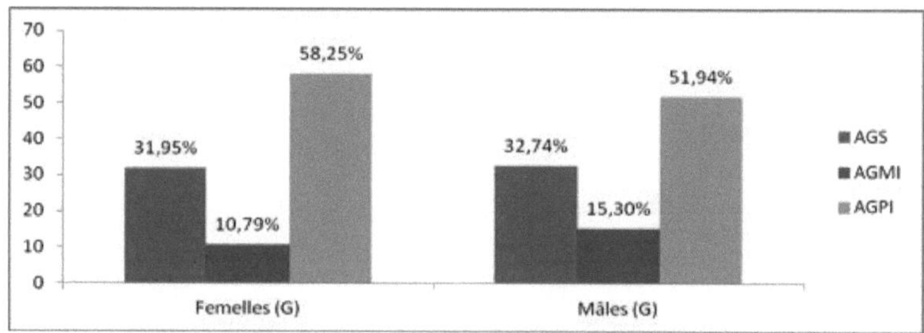

Figura 18: Variação das percentagens de ácidos gordos saturados (SFA), monoinsaturados (MUFA) e polinsaturados (PUFA) nas gónadas da população marinha de *Symphodus tinca* em função do sexo (mês de março).

O quadro 4 mostra as variações das percentagens de AGPI nos três órgãos da população marinha. ème Verifica-se que o órgão mais rico em AGPI são as gónadas, seguidas ao nível da carne e, em menor grau, do fígado. Os indivíduos do sexo feminino apresentam igualmente os níveis mais elevados de AGPI nos 3 órgãos (quadro 4).

Tabela 4: Variações nas percentagens de PUFAs na carne, fígados e gónadas de *Symphodus tinca* que vive em águas marinhas em função do sexo (mês de março).

% TFA	Mulheres	Homens
Cadeira	55,58%	47,83%
Fígado	38,60%	30,38%
Gónadas	58,25%	51,94%

1-4-Comparação dos principais ácidos gordos dos indivíduos (♂+♀) da população marinha

A análise estática poupada dos AGT na carne, no fígado e nas gónadas permite exprimir o ácido gordo maioritário correspondente a cada família de ácidos gordos.
O quadro 5 mostra as variações das percentagens dos principais ácidos gordos dos filetes da população marinha de *Symphodus tinca* em função do sexo.

Tabela 5: Variações da percentagem dos principais ácidos gordos dos filetes da população marinha *Symphodus tinca* em função do sexo (mês de março).

% TFA	Mulheres	Homens
SFA principal (ácido palmítico)	23,17%	26,81%
Principais MUFA (ácido oleico)	7,58%	10,99%
PUFA principal (DHA)	23,30%	15,66%

No que diz respeito aos AGT presentes na carne e nas gónadas dos indivíduos marinhos, os AGT maioritários em cada classe de ácidos gordos são C16:0, C18:1 n-9 e C226 n-3 (quadro 5).

Na carne dos machos, o C16:0 é o TFA mais abundante. O seu teor é de cerca de 26,18%, superior ao do DHA e do ácido oleico, que apresentam teores de DHA e de C18n-9 de 15,66% e 10,99%, respetivamente.

Contrariamente aos lípidos presentes nos filetes dos machos, os teores de DHA e de C16:0 são semelhantes na carne das fêmeas. Estes teores são mais elevados do que os do ácido oleico, com percentagens da ordem de : Com base nestes teores, o DHA é o ácido gordo mais abundante na carne das fêmeas (quadro 5).

A tabela 6 mostra as variações das percentagens dos principais ácidos gordos dos AGT hepáticos na população marinha de *Symphodus tinca* em função do sexo. Para ambos os sexos, o ácido palmítico é o principal ácido gordo nos AGT, com um nível mais elevado nas fêmeas (29,00%) do que nos machos (26,37%).

Tabela 6: Variações da percentagem dos principais ácidos gordos nos fígados da população marinha de *Symphodus tinca* em função do sexo (mês de março).

% TFA	Mulheres	Homens
Major SFA (C16:0)	29,00%	26,37%
Principais MUFA (C18:0)	7,96%	14,75%
Principais PUFA	(DHA)17,30% DO	(EPA)11.18

Por outro lado, o ácido oleico tem um teor mais elevado nos fígados das fêmeas (14,75%) do que nos dos machos (7,96%) (quadro 6). O PUFA principal também varia consoante o sexo: é representado pelo DHA nos lípidos hepáticos das fêmeas e pelo EPA nos dos machos.

A tabela 7 mostra as variações das percentagens dos principais ácidos gordos para os AGT gonadais na população marinha de *Symphodus tinca* em função do sexo.

Os principais ácidos gordos nas gónadas dos espécimes marinhos são: C16:0, C18:1n-9 e C22:6n-3. Este resultado é semelhante ao dos AGM dos filetes (Tabela 5, 7).

Tabela 7: Variações das percentagens dos principais ácidos gordos nas gónadas da população marinha de *Symphodus tinca* em função do sexo (mês de março).

% TFA	Mulheres	Homens
AGS major (C16:0)	24,99%	24,78%
Principais MUFA (C18:n9)	8,89%	9 ,15%
PUFA principal (DHA)	18,20%	15,05%

Quanto aos AGT do fígado, o ácido palmítico é a maioria de todos os AGT. Apresenta percentagens semelhantes nas gónadas de machos e fêmeas. Estas taxas são de 24,99% e 24,78% para os fígados de fêmeas e machos, respetivamente (Tabela 7).

Esta distribuição quantitativa é semelhante para o ácido oleico, com teores de 8,89% nas gónadas femininas e de 9,15% nas gónadas masculinas (quadro 7). Os níveis de DHA foram estimados em 18,20% nos ovários, mais elevados do que nas gónadas masculinas (15,05%).

III-2-Comparação da composição em ácidos gordos de machos e fêmeas da população lagunar de *Symphodus tinca* (mês de março)

2-1-Comparação da composição em ácidos gordos da carne entre indivíduos (♂+♀) da população lagunar

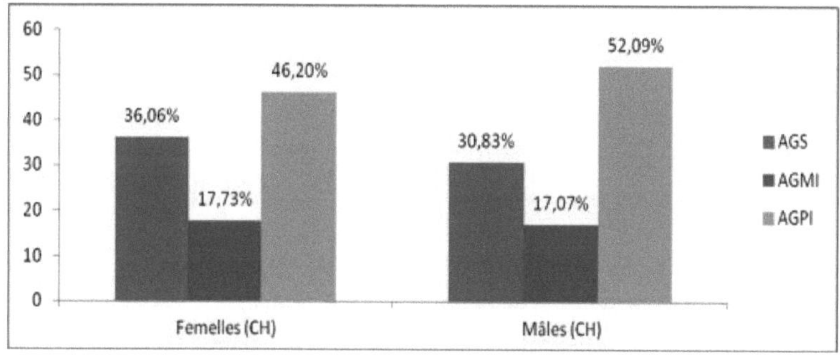

Figura 19: Variação das percentagens de ácidos gordos saturados (SFA),

monoinsaturados (MUFA) e polinsaturados (PUFA) na carne da população lagunar de *Symphodus tinca* em função do sexo (mês de março).

De acordo com a figura 19, o perfil de ácidos gordos da carne dos espécimes lagunares apresenta uma composição semelhante à dos indivíduos do meio marinho (figura 16). De facto, a fração mais dominante dos lípidos musculares totais é o GLA, com proporções médias de SFA e baixas proporções de MUFA.
A comparação das percentagens de (PUFA) na carne das duas populações, marinha e lagunar, é apresentada no quadro 8.

Tabela 8: Variação das percentagens de (PUFA) na carne das duas populações marinhas e lagunares de *Symphodus tinca* em função do sexo (mês de março).

% TFA	Mulheres marinha	Mulheres lagoas	Homens marinheiros	Homens lagoa
Teor de PUFA redes	55,58%	46,20%	47,83%	52,09%

Os AGT dos filetes dos machos da lagoa são mais ricos em AGPI do que os dos machos marinhos: 52,09% para os machos da lagoa e 47,84% para os filetes dos machos marinhos.
Por outro lado, o teor de AGPI na carne das fêmeas marinhas foi mais elevado do que na carne das fêmeas lagunares. As proporções respectivas foram de 55,58% (filetes de fêmeas marinhas) e 46,20% (filetes de fêmeas lagunares).
Os lípidos nos filetes dos espécimes da lagoa de Ghar Elmelh (Figura 19) mostram que os níveis de MUFA são semelhantes, mas ligeiramente mais elevados nos machos (17,73%) do que nas fêmeas (17,07%).
Por outro lado, os filetes das fêmeas tinham percentagens mais elevadas de SFA do que os dos machos. Estas percentagens são de 36,06% e 30,83%, respetivamente.

2-2-Comparação da composição em ácidos gordos dos fígados dos indivíduos (♂+♀) da população lagunar

A figura 20 mostra a variação das percentagens de ácidos gordos no tecido hepático dos espécimes da lagoa de Ghar Elmelh. Os AGT no fígado dos machos são mais ricos em AGS, mas com níveis semelhantes de AGMI, quando comparados com os AGT do fígado das fêmeas.

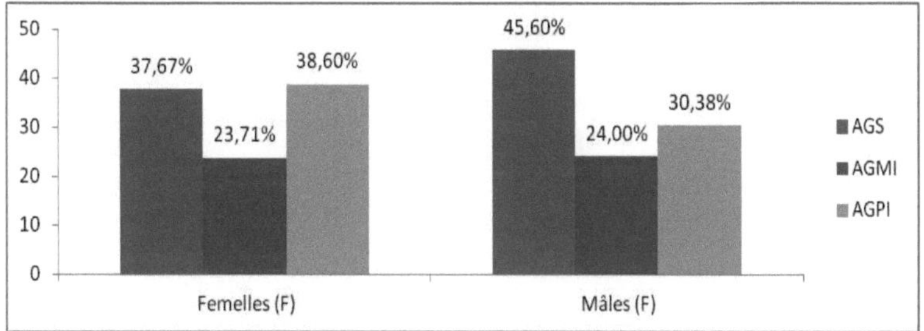

Figura 20: Variação das percentagens de ácidos gordos saturados (SFA), monoinsaturados (MUFA) e polinsaturados (PUFA) nos fígados da população lagunar de *Symphodus tinca* em função do sexo (mês de março).

Os conteúdos são : 45,60% e 37,67% para SFAs e 24,0% e 23,71% para MUFAs para os fígados de homens e mulheres, respetivamente.

As variações dos níveis de PUFA hepáticos nas populações marinha e lagunar são apresentadas no quadro 9.

Tabela 9: Variação das percentagens de ácidos gordos polinsaturados (AGPI) nos fígados das duas populações: marinha e lagunar de *Symphodus tinca* em função do sexo (mês de março).

% TFA	Mulheres marinha	Mulheres lagoas	Homens marinheiros	Homens lagoas
Níveis hepáticos de PUFA	41,33%	38,60%	35,16%	30,38%

O teor em AGT dos fígados das fêmeas é mais elevado do que o dos machos. Verificamos igualmente que os fígados das fêmeas lagunares acumulam mais AGPI do que os das fêmeas marinhas. Além disso, os AGPI hepáticos apresentam variações significativas nas duas populações. Estas variações são elucidadas no quadro 10.

Tabela 10: Comparação das percentagens de fígados de *Symphodus tinca* (GAMI) das duas populações marinhas e lagunares em função do sexo (mês de março).

% TFA	Mulheres marinha	Mulheres lagoas	Machos marinhos	Homens lagoas
Teor de MUFA dos fígados	%12,64	%23,71	%24,55	%24,00

Os lípidos do fígado dos machos contêm mais MUFA do que os das fêmeas: as percentagens são estimadas em 12,64% para os fígados das fêmeas e 24,55% para os fígados dos machos. Estes resultados são diferentes para a população marinha, onde os níveis de IMFA nos fígados são semelhantes para ambos os sexos (Quadro 10).

2-3-Comparação da composição em ácidos gordos das gónadas dos indivíduos (♂+♀) da população da lagoa

A figura 21 mostra as variações no conteúdo de cada classe de AF nas gónadas masculinas e femininas dos exemplares da lagoa. A partir destas percentagens, concluímos que: os AGT gonadais dos indivíduos lagunares apresentam um predomínio de ácidos gordos polinsaturados (PUFA:♀42,68%; ♂59,30%), sobre os saturados (SFA:♀33,80%; ♂27,55%) e monoinsaturados (MUFA:♀23,51%; ♂13,14%). Estes resultados são semelhantes aos lípidos presentes na carne e nas gónadas da população marinha.

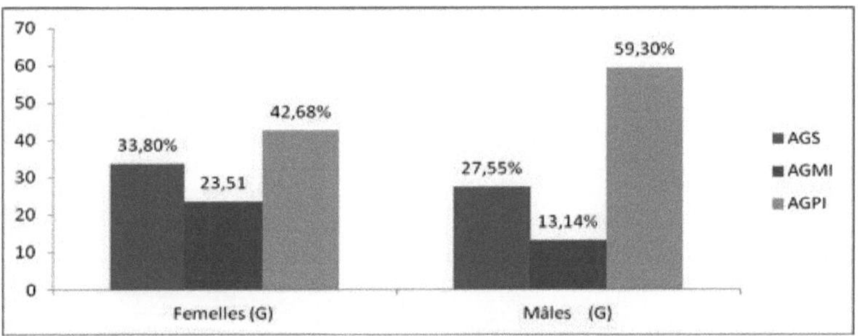

Figura 21: Variação das percentagens de ácidos gordos saturados (SFA), monoinsaturados (MUFA) e polinsaturados (PUFA) nas gónadas da população lagunar de *Symphodus tinca* em função do sexo (mês de março).

Os AGT nas gónadas masculinas são os mais ricos em AGPI e os mais baixos em AGS em comparação com as gónadas femininas. Os seus conteúdos são, respetivamente: 59,30% e 42,68% para os AGPI; 27,55% e 33,80% para os AGS. Além disso, o nível de MUFA representado pelas ♀ gónadas (23,51%) é superior ao das ♂ gónadas (13,14%).

Verificamos igualmente que os machos tratados apresentam os níveis mais elevados de AGPI na carne e nas gónadas. No entanto, o mesmo não se passa com a população marinha, uma vez que as fêmeas apresentam os níveis mais elevados de AGPI na carne e nas gónadas (quadro 11).

Tabela 11: Comparação das percentagens de (PUFA) na carne e nas gónadas das duas populações: marinha e lagunar de *Symphodus tinca* em função do sexo (mês de março).

% TFA	Mulheres marinha	Homens marinheiros	Mulheres lagoas	Homens lagoas
Cadeira	55,58%	47,83%	46,20%	52,09%
Gónadas	58,25%	51,94%	42,68%	59,30%

2-4-Comparação dos principais ácidos gordos dos indivíduos (♂+♀) da população da lagoa

As percentagens dos principais ácidos gordos nos filetes da população da lagoa são apresentadas no quadro 12.

Tabela 12: Variação das percentagens dos principais ácidos gordos dos filetes da população lagunar de *Symphodus tinca* em função do sexo (mês de março).

% de TFA na carne	Mulheres	Homens
SFA principal (ácido palmítico)	23,67%	21,81%
Principais MUFA (ácido oleico)	12,50%	10,17%
PUFA principal (DHA)	17,67%	26,83%

Na carne das fêmeas de peixe-laguna, o teor de ácido palmítico é de cerca de 23,67%, mais elevado do que o de DHA (17,67%). O ácido palmítico é o mais predominante dos TFAs. Os níveis de ácido oleico são baixos, 10,17% (carne de macho) e 12,50% (carne de fêmea) (Quadro 12).

Este teor (em C16:0) é superior ao encontrado na carne dos machos (21,81%). O TFA mais predominante na carne dos machos é o DHA, com um teor muito elevado em comparação com o encontrado na carne das fêmeas, de cerca de 26,83%.

As variações nas percentagens dos principais ácidos gordos nos fígados da população da lagoa são apresentadas na Tabela 13. O ácido palmítico é o principal ácido gordo nos AGT do fígado de todos os indivíduos, com um nível mais elevado nos machos (30,69%) do que nas fêmeas (24,35%).

Tabela 13: Variação das percentagens dos principais ácidos gordos nos fígados da população lagunar de *Symphodus tinca* em função do sexo (mês de março).

% TFA	Mulheres	Homens
SFA principal (ácido palmítico)	24,35%	30,69%
Principais MUFA (C16:1n7)	12,73%	13,30%
PUFA principal (EPA)	13,12%	7,03%

O ácido palmítico foi mais elevado no fígado dos machos (30,69%) do que no das fêmeas (24,35%) (Tabela 13). O MUFA mais importante nos TFAs hepáticos é o C16:1n7, que é mais elevado nos fígados dos machos; os resultados mostraram que o PUFA mais importante nos fígados é o EPA, com um teor de TFA de 13,12% nas fêmeas, que é mais elevado do que nos machos (7,03%). As variações das percentagens de cada um dos principais ácidos gordos nas gónadas da população lagunar são apresentadas no quadro 14.

Tabela 14: Variação das percentagens dos principais ácidos gordos nas gónadas da população lagunar de *Symphodus tinca* em função do sexo (mês de março).

%em AGT	Mulheres	Homens
SFA principal (ácido	23,70%	21,93%

palmítico)		
Principais MUFA (C18:1 n9)	13,45%	8,30%
PUFA principal (DHA)	13,71%	21,38%

Tal como nas gónadas dos espécimes marinhos, a maioria dos ácidos gordos nos lípidos gonadais da população da lagoa são C16:0, C18:1n-9 e C22:6n-3 (Tabelas 11 e 14).

O ácido palmítico representa a maior parte de todos os AG; está presente em percentagens mais elevadas nas gónadas femininas do que nas masculinas. Estas taxas são de 23,70% e 21,93% para fêmeas e machos, respetivamente.

Do mesmo modo, as percentagens de ácido oleico são mais elevadas nas gónadas femininas do que nas masculinas, com níveis estimados em 13,45% nas gónadas femininas e 8,3% nas masculinas.

Por outro lado, os níveis de DHA nas gónadas masculinas foram de 21,38%, superiores aos das gónadas femininas, estimados em 13,71% (quadro 18). Estes resultados são semelhantes aos das gónadas marinhas (Quadros 7 e 14).

III-3-Comparação da composição em ácidos gordos de machos e fêmeas da população insular de *Symphodus tinca* (mês de março)

Contrariamente à composição em ácidos gordos da carne de todos os indivíduos das outras duas populações estudadas, os AGT da carne dos exemplares provenientes das costas insulares são essencialmente constituídos por AGS. Estes teores são de : 40,09% de AGT para os filetes fêmeas e 37,00% para os filetes machos (Tabela 15).

Tabela 15: Comparação das percentagens (AGS) de redes de três populações de *Symphodus tinca* em função do sexo (mês de março).

% TFA	Estação marítima	Estação da lagoa	Estância na ilha
AGS do carne feminina	33,90%	36,06%	40,09%
AGS do carne masculina	36,31%	30,83%	37,00%

Os perfis lipídicos da carne das 3 populações mostram que o ácido palmítico é o ácido gordo mais importante desta fração, seguido do C18:0 e do C14:0 (Anexo 2).

3-1-Comparação da composição em ácidos gordos da carne de indivíduos (♂+♀) da população insular

A figura 22 mostra as variações da percentagem de (AGS), (AGMI) e (AGPI) na carne da população insular em função do sexo.

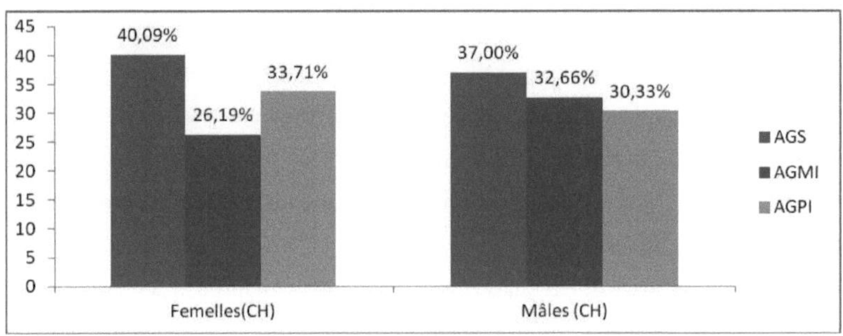

Figura 22: Variação das percentagens de ácidos gordos saturados (SFA), monoinsaturados (MUFA) e polinsaturados (PUFA) na carne da população insular de *Symphodus tinca* em função do sexo (mês de março).

Os filetes das fêmeas têm um teor em AGPI de cerca de 33,71% de AGT, mais elevado do que o dos machos, estimado em 30,3%. Esta disposição é semelhante à da população lagunar (Figuras: 19, 22).

Para esta população, verificamos que existe uma variação quantitativa na disposição de cada classe de ácidos gordos nos filetes, que é função do sexo: Os AGT nos filetes das fêmeas são representados principalmente pelos AGS, em segundo lugar pelos AGPI e em menor grau pelos AGMI, cujas percentagens são de 40,09%, 33,71% e 26,19%, respetivamente.

Por outro lado, os AGT na carne dos indivíduos do sexo masculino são constituídos essencialmente por AGS, sendo a classe média constituída por AGMI e a fração mais pequena por AGPI, cujas proporções respectivas são: 37,00%, 32,66% e 30,33% (Figura 22).

De acordo com a Figura 22, a carne das fêmeas do ambiente insular contém mais SFAs e PUFAs do que a dos machos. Os teores são respetivamente: 40,09% ♀ e 37,00% ♂, em SFA; 33,71% ♀ e 30,33% ♂, em PUFA. De notar, ainda, que a composição lipídica da carne dos indivíduos insulares assinala o menor teor de PUFA comparativamente às outras duas populações (Tabela 16).

Tabela 16: Variação dos teores de AGPI nos filetes de *Symphodus tinca* para as três estações (mês de março).

% TFA	Estação marítima	Estação da lagoa	Estância na ilha
% de PUFAs em carne feminina	55,58%	46,20%	33,71%
% de PUFAs em carne masculina	47,83%	52,09%	30,33%

A composição em ácidos gordos desta população apresenta as percentagens mais elevadas de MUFA (32,6% para os homens e 26,19% para as mulheres) em comparação com a carne das outras 2 populações (quadro 17).

Quadro 17: Variações dos teores de MIGFA nos filetes de *Symphodus tinca* das três espécies
estações (mês de março).

% TFA	Estação marítima	Estação da lagoa	Estância na ilha
% em MUFA de carne feminina	10,50%	17,73%	26,19%
% em AGMI del a carne masculina	15,85%	17,07%	32,66%

3-2-Comparação da composição em ácidos gordos dos fígados dos indivíduos (♂+♀) da população insular

O mesmo se passa com os perfis de AGL dos fígados das outras duas populações (figuras 17 e 20). Os AGT nos lípidos do fígado da população insular são representados principalmente pelos AGS e, em menor grau, pelos AGPI e AGMI (figura 23).

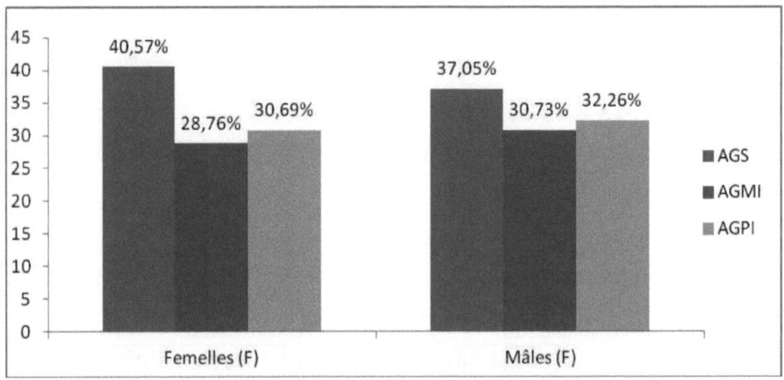

Figura 23: Variação das percentagens de ácidos gordos saturados (SFA), monoinsaturados (MUFA) e polinsaturados (PUFA) nos fígados da população insular de *Symphodus tinca* em função do sexo (mês de março).

Os AGT do fígado da população insular mostram que os lípidos do fígado dos homens contêm mais AGMI e AGPI do que os do fígado das mulheres. Os níveis são estimados em 30,73% e 32,26% para os fígados masculinos e 28,76% e 30,69% para os fígados femininos, em termos de MUFA e PUFA, respetivamente (figura 23).

Por outro lado, os lípidos do fígado das fêmeas apresentam um teor de SFA de cerca de 40,57%, superior ao dos machos coexistentes (37,05%). Esta disposição dos AGS é semelhante à dos fígados dos indivíduos marinhos (figura 23).

3-3-Comparação da composição em ácidos gordos das gónadas dos indivíduos (♂+♀) da população insular

Os cromatogramas das gónadas (♂+♀) da população insular mostram variações nos níveis de cada família de ácidos gordos. As percentagens de (SFAs), (MUFAs) e (PUFAs) apresentadas na Figura 24.

De facto, a fração mais dominante dos lípidos totais nestas gónadas é o GLA, moderadamente dominante é o SFA e uma pequena proporção é o MUFA. Esta disposição é semelhante à das outras duas populações.

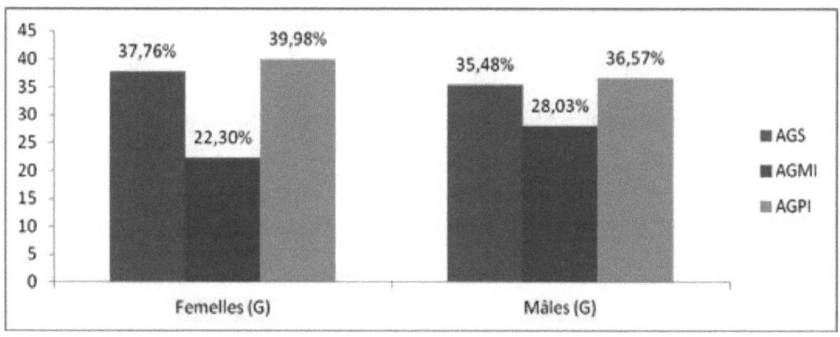

Figura 24: Variação das percentagens de ácidos gordos saturados (SFA), monoinsaturados (MUFA) e polinsaturados (PUFA) nas gónadas da população insular de *Symphodus tinca* em função do sexo (mês de março).

A figura 24 mostra que os AGT das gónadas femininas são mais ricos em AGS e AGPI do que os das fêmeas, com níveis aproximados de 37,76% e 35,48% para os AGS e 39,98% e 36,57% para os AGPI. No entanto, o teor em MUFA dos lípidos das gónadas masculinas (28,03%) é superior ao das femininas (22,30%).

A tabela 18 mostra as variações dos níveis de PUFA gonadal nas 3 populações estudadas.

Tabela 18: Comparação das percentagens de ácidos gordos polinsaturados (PUFA) nas gónadas das três populações de *Symphodus tinca* em função do sexo (mês de março).

% TFA	Estação marítima	Estação da lagoa	Estância na ilha
% em PUFA de gónadas fêmeas	58,25%	42,68%	39,98%
% em PUFA de gónadas masculinas	51,94%	59,30%	36,57%

O teor de PUFA dos TFAs nas gónadas femininas é de cerca de 39,88%, ao passo que é estimado em 36,57% para as gónadas masculinas. De acordo com a tabela 18, estes níveis de PUFA são os mais baixos em relação aos outros lípidos gonadais nas duas populações: marinha e lagunar. No entanto, os machos da lagoa têm as gónadas com o teor mais elevado de PUFA e o teor mais baixo de SFA. Isto é demonstrado pela comparação das suas percentagens com as das outras populações (figuras 18, 21 e 24).

A comparação das percentagens de AGPI nos filetes e nas gónadas da população é apresentada no quadro 19. Os AGT nas gónadas dos indivíduos das ilhas mostram níveis de AGPI de cerca de 39,98% e 36,57% nas gónadas dos machos e das fêmeas, respetivamente. Estes níveis são mais elevados do que os encontrados nos filetes.

Quadro 19: Comparação das percentagens de filetes e gónadas (PUFA) na população insular de *Symphodus tinca* em função do sexo (mês de março)

% TFA	Mulheres	Homens
% de PUFAs nas gónadas	39,98%	36,57%
% de PUFAs na carne	33,71%	30,33%

Os resultados mostraram também que os lípidos da carne das fêmeas são mais ricos em AGPI do que os dos machos.

3-4-Comparação dos principais ácidos gordos dos indivíduos (♂+♀) da população insular

Os três principais AG utilizados na composição dos AGT na polpa de *Symphodus tinca* são

Nas costas das ilhas, predominam os ácidos C16:0, C18:1n9 e C20:4n6 (quadro 20). Para o conjunto da população, o ácido palmítico é o mais dominante, seguido do ARA e, em menor grau, do ácido oleico.

Quadro 20: Variações das percentagens dos principais ácidos gordos nos filetes de *Symphodus tinca* provenientes da população insular (mês de março).

% TFA	Mulheres	Homens
SFA principal (ácido palmítico)	28,02%	24,76%
Principais MUFA (ácido oleico)	18,43%	21,12%
Principais PUFAs (ARA)	11,67%	9,88%

Os níveis de C16:0 e C20:4 n6 TFAs na carne das fêmeas são mais elevados do que nos filetes dos machos. Os níveis são : 28,02% e 24,76% de ácido palmítico; 11,67% e 9,88% de ARA, respetivamente para filetes de fêmeas e machos.

O teor de ácido oleico destes filetes era de 21,12%, superior ao das fêmeas (18,43%).

De acordo com o quadro 21, os AGS e os AGMI do fígado têm os mesmos AGM que os da carne, mas o principal AGPI do fígado é o EPA (em vez do ARA).

O ácido palmítico tem o nível mais elevado, o ácido oleico o mais baixo e o EPA o mais baixo.

Tabela 21: Variações das percentagens dos principais ácidos gordos nos fígados da população insular de *Symphodus tinca* (mês de março).

% TFA	Mulheres	Homens
SFA principal (ácido palmítico)	26,55%	25,70%
Principais MUFA (ácido oleico)	18,27%	20,18%
PUFA principal (EPA)	11,30%	10,22 %

Os principais ácidos gordos que constituem os lípidos do fígado são os mesmos para os AGS e os AGMI contidos na carne, enquanto o C20:4 n-6 será substituído pelo C20:5 n-3 (quadros 20 e 21).

De acordo com a Tabela 22, os MGAs gonadais da população insular são: C16:0, C18:9 e C22:6, n-3. O C16:0 tem sempre níveis mais elevados do que o C18:n9, enquanto o C22:6 n-3 tem os níveis mais baixos.

Tabela 22: Variação das percentagens dos principais ácidos gordos nas gónadas da população insular em função do sexo (mês de março).

% TFA	Mulheres	Homens
SFA principal (ácido palmítico)	26,95%	26,48%
Principais MUFA (ácido oleico)	15,77%	20,96%
PUFA principal (DHA)	13,12%	9,15%

No que diz respeito ao perfil lipídico das gónadas masculinas e femininas, os níveis de C16:0 e C22:6n-3 são semelhantes, mas ligeiramente superiores nas gónadas femininas. Estes níveis são : 26,55% e 25,70% para o C16:0; 13,12% e 9,15% para o C22:6n-3.

Pelo contrário, o teor em C18:n9 das gónadas masculinas é mais elevado do que o dos ovários, com uma média de 20,18% para as gónadas masculinas e de 15,77% para as gónadas femininas.

De acordo com os quadros 20, 21 e 22, os AGM de AGS e AGPI dos 3 órgãos apresentam níveis mais elevados nas fêmeas do que nos machos. Em contrapartida, os machos apresentaram os níveis mais elevados de (C18:1 n9) nos três órgãos.

III-4-Estudo das variações do teor em ómega 3 e ómega 6 (mês de março)

Os resultados das tabelas 23, 24...28 mostram os níveis de ómega 3 e ómega 6 para cada órgão e para as 3 populações. Verifica-se que os níveis de ómega 3 são mais elevados do que os de ómega 6.

4-1-Estudo da composição em ómega 3 e ómega 6 da população marinha de *Symphodus tinca*

A tabela 23 mostra a variação dos teores de ómega 3 em cada órgão dos indivíduos marinhos. Verifica-se que a composição em ácidos gordos dos três órgãos femininos contém mais ómega 3 do que a dos masculinos, com um máximo registado para a carne dos espécimes femininos estimado em 37,47% e um mínimo de cerca de 22,04% para os AGT do fígado dos machos.

Quadro 23: Variações das percentagens de ómega 3 na população marinha de *Symphodus tinca* (mês de março).

% TFA	Cadeira	Fígado	Gónadas
Mulheres	37,47%	28,92%	36,21%
Homens	32,52%	22,04%	35,36%

Para os espécimes marinhos machos, o órgão mais rico em ómega 3 é a gónada, enquanto que para as fêmeas é a carne.

O teor mais baixo de ómega 3 foi registado nos fígados, com 28,92% para os fígados das fêmeas, em comparação com 22,04% para os lípidos do fígado dos machos.

A disposição dos teores de ómega 6 é semelhante à dos ómega 3 e, portanto, ao nível dos três órgãos: as fêmeas têm mais ómega 6 do que os machos (quadro 24), com um máximo estimado em 18,11% para os filetes das fêmeas e um mínimo para os AGT hepáticos dos machos, cujo teor é de cerca de 13,11%.

Quadro 24: Variações das percentagens de ómega 6 na população marinha de

Symphodus tinca (mês de março).

% TFA	Cadeira	Fígado	Gónadas
Mulheres	18,11%	13,36%	18,04%
Homens	15,33%	13,11%	16,57%

4-2-Comparação da composição em ómega-3 e ómega-6 da população de *Symphodus tinca* em águas lagunares

Uma comparação dos níveis de ómega 3 em cada órgão dos peixes da lagoa mostra que estes níveis variam de acordo com o sexo. Os níveis de TFA na carne e nas gónadas dos machos são mais elevados do que os das fêmeas. Estes níveis são : 37,65% e 32,75% na carne e 41,01% e 28,53% nas gónadas de machos e fêmeas, respetivamente (Tabela 25).

Os fígados femininos, por outro lado, têm um teor mais elevado de ómega 3, cerca de 25,40%, do que os fígados masculinos, estimado em 19,38%. Com base nestes níveis, podemos concluir que o fígado apresenta sempre os níveis mais baixos de ómega 3 em comparação com a carne e as gónadas.

Quadro 25: Variações das percentagens de ómega 3 na população lagunar de *Symphodus tinca* (mês de março).

% TFA	Cadeira	Fígados	Gónadas
Mulheres	32,75%	25,40%	28,53%
Homens	37,65%	19,38%	42,01%

A disposição dos AGT ómega 6 nos três órgãos é semelhante à dos AGT ómega 3. De facto, os AGT na carne e nas gónadas dos machos apresentam níveis mais elevados do que os das fêmeas coexistentes (quadro 26). Estes níveis são de 37,65% e 32,75% para os AGT da carne e de 41,01% e 28,53% para os AGT das gónadas dos machos e das fêmeas, respetivamente.

Quadro 26: Variações das percentagens de ómega 6 na população lagunar de *Symphodus tinca* (mês de março).

% TFA	Cadeira	Fígado	Gónadas
Mulheres	14,24%	13,20%	14,14%

Homens	14,43%	11,00%	15,74%

Do mesmo modo, os fígados das fêmeas apresentam níveis mais elevados de ómega 6 (25,40%) do que os fígados dos machos (19,38%). Por conseguinte, os AGT do fígado apresentam sempre os níveis mais baixos de ómega 3 em comparação com a carne e as gónadas.

4-3-Comparação da composição em ómega 3 e ómega 6 entre machos e fêmeas de *Symphodus tinca* que vivem em costas insulares (março)

Um estudo comparativo dos níveis de ómega 3 em cada órgão de indivíduos marinhos mostra variações de acordo com o sexo (Tabela 27). Verifica-se que, nos três órgãos, as fêmeas têm mais ómega 3 do que os machos. A percentagem máxima registada para as gónadas das fêmeas, estimada em 27,79%, e um mínimo de cerca de 16,49% para os AGT na carne dos machos.

Quadro 27: Variações das percentagens de ómega 3 na população insular de *Symphodus tinca* por sexo (mês de março).

% TFA	Cadeira	Fígado	Gónadas
Mulheres	17,85%	21,35%	27,79%
Homens	16,49%	19,28%	20,29%

A Tabela 27 mostra que, para todos os espécimes machos e fêmeas, os órgãos com o teor mais elevado de ómega 3 foram as gónadas, com níveis de 20,29% e 27,79% para as gónadas de machos e fêmeas, respetivamente. O teor mais baixo de ómega 3 foi registado na carne, com proporções de 17,85% e 16,49% para as fêmeas e os machos, respetivamente. Este resultado difere do das outras duas populações, onde os níveis mais baixos de ómega 3 são registados nos fígados.

A disposição dos níveis de ómega-6 difere da dos ómega-3, com os TFAs dos fígados e gónadas dos machos a acumularem mais ómega-6 do que os das fêmeas (Tabela 28). As taxas são de 12,98% e 9,31% para os fígados e 14,18% e 12,21% para as gónadas de machos e fêmeas, respetivamente.

Quadro 28: Variações das percentagens de ómega 6 na população insular de *Symphodus tinca* (mês de março)

% TFA	Cadeira	Fígado	Gónadas
Mulheres	16,51%	9,31%	12,21%
Homens	13,83%	12,98%	14,18%

Os homens, pelo contrário, apresentam os níveis mais elevados de ómega 6, com níveis de cerca de 16,51% para os fígados masculinos e 13,83% para os fígados femininos.

III-5-Estudo das variações do rácio ω6 ω3 nos três órgãos das três populações

Os nove PUFAs Lnc identificados são agrupados como ómega 6 e ómega 3, e é utilizado um rácio para comparar os seus níveis e decidir qual a família de PUFAs que está em maioria e qual a que está em minoria: R=ω6/ ω3

Este rácio é determinado para cada extrato de ácidos gordos dos 3 órgãos.

Se: R < 1, os APGI são essencialmente constituídos por ω6.

1 < R, os APGI são essencialmente constituídos por ω3.

Estabelecendo estes quocientes para todos os extractos de ácidos gordos, verificamos que eles são sempre inferiores a 1 (quadros 29, 30 e 31), pelo que os APGI são essencialmente constituídos por ω3 e, em menor grau, por ω6. Este quociente oscila entre um máximo registado para a carne das fêmeas da ilha (0,9604) e um mínimo de 0,3745 para a carne dos machos da lagoa.

O quadro 29 mostra as variações da relação ómega-6/ómega-3 nos três órgãos de *Symphodus tina* na estação marinha.

Tabela 29: Variação da relação ómega-6/ómega-3 em três órgãos de *Symphodus tina* na estação marinha (mês de março).

ω6/ω3	Cadeira	Fígados	Gónadas
Mulheres	0,5070	0,4713	0,4035
Homens	0,4805	0,6019	0,4697

De acordo com estes resultados, os espécimes marinhos, comparando os (R) dos fígados, dos filetes e das gónadas, mostram que os PUFAs mais ricos em ω 3 são os das gónadas (rácios mais elevados), seguidos pelos dos músculos e, em menor grau, pelos dos fígados.

A Tabela 30 apresenta as variações do rácio ω6 ω3 ao nível dos três órgãos de *Symphodus tina* que povoam a estação lagunar.

Tabela 30: Variação da relação ómega-6/ómega-3 em três órgãos de *symphodus tina* na estação lagunar (mês de março).

ω6/ ω3	Cadeira	Fígado	Gónadas
Mulheres	0,4368	0,5187	0,5165
Homens	0,3745	0,5699	0,3784

Com base nestes resultados, pode deduzir-se que a carne dos indivíduos provenientes do ambiente lagunar é a mais rica em ω3, com os rácios mais baixos de 0,4368 (para os filetes de fêmeas) e 0,3745 (para os filetes de machos). As gónadas e o fígado são menos ricos em ω3, com rácios mais elevados (R) de 0,5187 e 0,5699 para os fígados de fêmeas e machos, respetivamente.

A Tabela 31 mostra as variações do rácio ω6 ω3 nos três órgãos da população insular.

Tabela 31: Variação da relação ómega 6/ómega 3 em três órgãos de *symphodus tina* na estação da ilha (mês de março).

ω6/ ω3	Cadeira	Fígados	Gónadas
Mulheres	0,9604	0,6971	0,4540
Homens	0,8554	0,7133	0 ,7003

Para a população insular, verifica-se que os lípidos das gónadas são os mais ricos em ω 3, (o rácio mais baixo), com os lípidos hepáticos em menores proporções e os representados pela carne em menor grau (Tabela 31). Este facto pode ser explicado pela mobilização de energia para as gónadas, que são as mais maduras de todas as estações. Esta transferência de lípidos faz-se da carne e do fígado para as gónadas.

As Tabelas 29 e 31 mostram que nos 2 ambientes (marinho e insular), os (R)s das gónadas masculinas são sempre superiores aos dos ovários. Inversamente, para os espécimes da lagoa, os (R) dos ovários e dos testículos mostram que estes últimos são os mais ricos em ω 3.

Com base nestas tabelas, verifica-se que os rácios (R) para os lípidos hepáticos no sexo masculino são superiores aos do sexo feminino para cada uma das 3 populações. Estes rácios são: (0,4713 e 0,6019); (0,5187 e 0,5699); (0,6971 e 0,7133), sucessivamente para as fêmeas e para os machos; marinhos, lagunares e insulares. Os AGT dos fígados das fêmeas são portanto mais ricos em AGPI Ln3 do que os dos machos.

Dentro de cada população estudada, os valores de (R) para os filetes de machos foram sempre inferiores aos das fêmeas: (0,5070 e 0,48050), (0,4368 e 0,3745) e (0,9604 e 0,8554) para fêmeas e machos marinhos, lagunares e insulares, respetivamente. Por conseguinte, a carne dos machos tem uma maior tendência para acumular ω3 do que ω6.

Por fim, comparando estes rácios para o conjunto das populações estudadas, verifica-se que os AGT da carne dos indivíduos lagunares são os mais ricos em ω 3, seguidos pelos dos indivíduos marinhos e, em menor grau, pelos filetes dos indivíduos insulares.

Discussão

S. tinca desempenha um papel ecológico importante devido à sua capacidade de suportar grandes variações nos parâmetros físico-químicos ambientais, o que explica a sua presença em vários ambientes aquáticos.

A primeira parte deste estudo teve como objetivo determinar a morfometria de S. *tinca, como* o fator gonado-somático e hepato-somático. A segunda parte foi concebida para determinar o conteúdo lipídico total e a composição lipídica da carne, dos fígados e das gónadas de três populações de *S. tinca* que ocupam diferentes biótopos.

Durante o período de amostragem (março), o estudo morfométrico de três populações de *S. tinca* mostrou que os RGS eram sempre superiores a 1%. Isto está de acordo com o trabalho de (Ouannes-Ghorbel et al., 2002), que mostra que *Symphodus tinca* está a amadurecer.

Os resultados mostraram também que o rácio gonado-somático evoluiu inversamente em relação ao rácio hepato-somático.

Assim, (Ouannes-Ghorbel et al., 2002), que mostram que o RGS aumenta em detrimento do RHS, a massa hepática dos machos e das fêmeas diminui enquanto as suas gónadas crescem, devido ao facto de a maturação das gónadas de *S. tinca* armazenar no fígado as reservas necessárias à reprodução.

Este estudo mostra que os níveis de lípidos variam em função dos órgãos (carne, fígado e gónadas), do sexo e do ambiente (marinho, insular e lagunar).

O presente estudo mostra que os peixes dos 3 ambientes estudados se caracterizam por um teor médio de gordura na carne que varia entre um mínimo de 2,26 g/100 g MF para os machos da lagoa e um máximo de 3,19 g/100 g MF para os machos da ilha. Estes resultados indicam que a espécie é classificada como semi-gorda a magra, com 1 a 10% de lípidos nos filetes (Ackman e Sipos, 1964).

Além disso, para todas as populações estudadas, os teores de lípidos determinados no músculo (M), no fígado (F) e nas gónadas (G) permitem concluir que: a acumulação de lípidos ocorre essencialmente no fígado, secundariamente nas gónadas e finalmente no músculo, o que é típico dos peixes magros.

Consequentemente, quase todos os lípidos são armazenados sob a forma de triglicéridos nos hepatócitos para fornecer uma fonte de energia que pode ser utilizada quando a alimentação é insuficiente. As necessidades energéticas são muito elevadas, especialmente durante o período de reprodução (produção de gâmetas e ovos) e de migração.

A ovogénese, tal como a espermatogénese, nos peixes requer uma quantidade significativa de energia, que as espécies ditas "magras" armazenam no fígado, principalmente sob a forma de lípidos (Hoar, 1957; Bertin, 1958). Esta mobilização é de curto prazo a partir do local de armazenamento, mas de longo prazo para os lípidos de outros tecidos (filetes).

De um modo geral, os peixes têm um ciclo reprodutivo sazonal que inclui fases de maturação e de desenvolvimento. Durante este ciclo, e mais especificamente na fase de maturação gonadal, que é precedida por um período de armazenamento de energia sob a forma de lípidos de mobilização. A transferência ocorre dos locais de depósito para o fígado, onde são mobilizados e depois transportados para as gónadas (Craig et al., 2000), razão pela qual as gónadas apresentam teores de lípidos mais elevados do que a carne.

A análise de ésteres metílicos de ácidos gordos de diferentes órgãos, utilizando a técnica GPC, identificou 15 ácidos gordos agrupados em ácidos gordos saturados (SFA), monoinsaturados (MUFA) e polinsaturados (PUFA). Consequentemente, o perfil de ácidos gordos dos diferentes órgãos varia em função do biótopo do órgão.

A Crenilabra da lagoa de Ghar Elmelh tem o teor mais elevado de AGPI em comparação com outras populações, o que pode ser explicado por uma diferença de salinidade, dieta, temperatura da água ou localização (Guler et al., 2007). Foi observado um aumento do teor de AGPI e uma diminuição dos ácidos gordos saturados nos fosfolípidos das membranas quando os peixes se deslocam para um ambiente mais salgado (Greene e Selivonchick, 1987).

A análise do perfil lipídico da carne proveniente de diferentes populações mostra que os indivíduos da ilha apresentam os níveis mais elevados de AGS. Estes níveis elevados de AGPI explicam-se essencialmente pelo grau de maturação, mais avançado em relação aos dois outros lotes provenientes da costa norte da Tunísia. Assim, os AGPI são essencialmente armazenados durante o período de repouso sexual, quando a alimentação é muito abundante, e depois mobilizados durante a maturação. No entanto, durante a fase reprodutiva, os AGPI são mobilizados e esgotados para completar a maturação das gónadas (Guler et al., 2007).

Para as três populações, a quantificação dos AGS revelou que o fígado continha as percentagens e os níveis mais elevados. Estes níveis elevados de AGS podem ser explicados pelo facto de este órgão ser o local de numerosas reacções metabólicas que afectam os ácidos gordos. De facto, o principal local de síntese de novos AG nos teleósteos é o fígado (Hendeson et al., 1982; Sargent et al., 1989).

Mais importante ainda, os perfis lipídicos da carne das 3 populações mostram que o ácido palmítico é o ácido gordo mais importante nesta fração, seguido do C18:0 e do C14:0. A predominância do ácido palmítico nos lípidos dos peixes foi referida por outros autores (Bandarra et al, 2001; Osman et al, 2001; Aidos et al, 2002; Passi et al, 2002). Esta percentagem de ácidos gordos parece ser bastante constante ao longo do ano. Ackman e Eaton (1966) apresentaram dados semelhantes num estudo com arenque e concluíram que o teor deste composto não parecia ser influenciado pela dieta.

Este estudo revelou que os tecidos comestíveis do bodião-pavão são muito ricos em ácidos gordos ómega 3, mas contêm baixos níveis de ácidos gordos ómega 6. Estes resultados são semelhantes aos de Oksuz et al (2011). Assim, é importante comer mais peixe rico em ácidos gordos ω3 e com baixo teor de ácidos gordos ω6 (Sargent et al., 1997). De facto, os ácidos gordos ω3 são nutrientes procurados e recomendados pelos nutricionistas devido aos seus benefícios significativos, especialmente no que diz respeito à sua ação preventiva no desenvolvimento de várias doenças.

Os resultados das tabelas 27,28...32 mostram os níveis de ómega 3 e ómega 6, para cada órgão e para as 3 populações. Verifica-se que: os ómega 3 têm níveis mais elevados do que os ómega 6. Estes resultados estão de acordo com o trabalho de Kaya et al.(2017).

Anisi, a riqueza em ácidos gordos ω3 tornou-se um ponto de venda para este tipo de produtos. Neste contexto, foi necessário desenvolver uma abordagem que abrangesse a qualidade e o valor acrescentado do peixe com um baixo valor de mercado.

Conclusão

Neste estudo, iremos examinar a morfometria, o conteúdo lipídico total e a composição em ácidos gordos da carne, fígados e gónadas de 3 populações de *Symphodus tinca* provenientes de 3 biótopos diferentes. Além disso, o nosso estudo centra-se na valorização de Symphodus tinca com base na identificação e quantificação de ácidos gordos como os PUFAs (ω3 e ω6), conhecidos pelo seu papel em várias funções fisiológicas e na prevenção de várias patologias.

O estudo morfométrico revelou que o rácio hepato-somático evolui inversamente ao rácio gonado-somático, tendo este último um valor sempre superior a 1, demonstrando que a espécie se encontra no período reprodutivo.

A determinação do teor total de lípidos revelou que o fígado apresentava os teores mais elevados, seguido das gónadas e, em menor grau, da carne.

A análise por cromatografia em fase gasosa dos extractos lipídicos dos órgãos permitiu identificar 19 ácidos gordos, com variações significativas da percentagem de ácidos gordos saturados, monoinsaturados e polinsaturados ao nível dos órgãos e em função da estação de amostragem.

A quantificação dos ácidos gordos polinsaturados revela que os níveis de ómega 3 são superiores aos de ómega 6 em vários órgãos.

Em termos de carne, a população da lagoa é a mais rica em ω 3, seguida dos peixes marinhos e, em menor grau, dos indivíduos das ilhas.

Referências

Abdul Malak, D., Livingstone - Suzanne, R., Pollard, D., Polidoro, B., Cuttelod, A., Bariche, M., Bilecenoglo, M., Carppenter, K.E., Colette, B., Francour, P., Goren, M., Kara, M., Massuti, E., Papaconstantino, C. e Tunesi, L. 2011. Overview of the conservation status of marine fishes occurring in the Mediterranean Sea. *Gland, Suíça e Málaga, Espanha: IUCN. Vii,* 61 pp.

Ackman, R.G. e Sipos, J.C. 1964. Application of specific response factors in the gas chromatographic analysis of methyl esters of fatty acids with flame ionization detectors. *Journal of the American Oil Chemists Society*, *41*(5), pp.377-378.

Ackman, R.G. e Eaton, C.A. 1966. Alguns óleos comerciais de arenque do Atlântico; composição em ácidos gordos. *Journal of the Fisheries Board of Canada, 23*(7), pp.991-1006.

Ackman, R. 1980. Fish lipids. In Advances in Fish science and Technology (J. J. Connell ed.) Fishing News Books Ltd, Surrey (Inglaterra).

Ackman, R. 1995. Composição e valor nutricional dos lípidos de peixe e marisco. In: Fish and Fisheries Products (Ed: Ruiter, A.*) Cab International, Wallingford, Oxon*, UK.p.117-156.

Adams, P., Lawson, S., Sanigorski, A e Sinclair, A. 1996. A relação entre o ácido araquidónico e o ácido eicosapentaenóico no sangue correlaciona-se positivamente com sintomas clínicos de depressão. *Lipids*.31:157-161.

Aksnes, A.T., Hjertnes e Opstvedt. J. 1996. Effects of dietary protein level on growth and carcass composition in Atlantic halibut (*Hippoglossus hippoglossus L*). *Aquaculture,* 145:225-233.

Aidos, I., Van Der Padt, A., Luten, J.B. and Boom, R.M. 2002 Seasonal Changes in Crude and Lipid Composition of Herring Fillets, By-products, and Respective Produced Oils. *J. Agr. Food Chem.* 16: 4589-4599.

Andrews, J., Murray, W., e Davis, M. 1978. The influence of dietary fat levels and environmental temperature on the digestible energy and absorbability of animal fat in catfish diets. *J. Nutr.* 108: 749-752.

Ando, S., Mori, Y., Nakamura, K. e Sugawara, A. 1993. Caraterísticas dos tipos de acumulação de lípidos em cinco espécies de peixes. *Nip. Suis. Gak.* 59: 1559-1564.

Arts, M. e Kohler, C. 2009. Saúde e condição nos peixes: a influência dos lípidos na competência das membranas e na resposta imunitária. In: Arts M, Brett M, Kainz M (eds) *Lipids in Aquatic Ecosystems. Springer Nova Iorque*, p.237-255.

Augier, H. e Boudouresque, F. 1979. Première observation sur l'herbier de posidonie et le détritique côtier de l'ile du levant (Méditerrané, France) *Trav. Sci. Parc nation port- crocs*, 5 :141-153.

Azouz, A. 1973. Fundos de arrasto na região norte da Tunísia. 1: Enquadramento físico das costas setentrionais da Tunísia. *Bull. Inst. Océanogr. Pêche. Salammbô.* 2 (4): 473-564.

Balk, E., Lichtenstein, A., Chung, M., Kupelnick, B., Chew,P. e Lau, J. 2006. Effects of omega-3 fatty acids on coronary restenosis, intima-media thickness, and exercise tolerance: a systematic review. *Atherosclerosis,* 184**:** 237-246.

Bandarra, N.M., Batista, I., Nunes, M.L. e Empis, J.M. 2001. Variação sazonal da composição química do carapau (*Trachurus trachurus*).*Eur. Food Res. Technol.* 212: 535-539.

Bauchot, O.M.l. e Pras, A. 1980. Guide de poissons marins de l'Europe, les guides de naturaliste Edit., *De la chaux et Nestlé, Lausanne,* 427p.

Bell, J.D. e Harmelin-Vivien, M.L. 1982. Fish fauna of French Mediterranean Posidonia oceanica seagrass meadows. I. Estrutura da comunidade. Tethys, 10: 337-347.

Bell, M., Henderson, R. e Sargent, J. 1986. O papel dos ácidos gordos polinsaturados no peixe.*Comp. Biochem. Physiol.* 83(B): 711-719.

Ben Slama, S., Menif, D. e Ben Hassine, O.K. 2006. Diet of Labrus merula (Labridae) from the northern coasts of Tunisia. *Rencontres de l'Ichtyologie en France No3, Paris, França* 6 :175-180.

Ben Othman, S. 1973. Le sud Tunisien (golfe de gabes : hydrologie et sédimentologie, flore et faune. *Tese 3ème Cycle, Univ. Tunis*, 166 p.

Berenson, G.S., Srinivasan, S.R., Bao, W., Newman, W.P., Tracy, R.E. e Wattigney, W.A. 1998. Association between multiple cardiovascular risk factors and atherosclerosis in children and young adults. The Bogalusa Heart Study. *New England Journal of Medicine*. 338:1650-1656.

Berg, L. 1985. O sistema de peixes e os peixes actuais e fósseis. Berlim: *VEB German Academic Publishers.*

Bertin, L. 1958. Organes of aquatic respiration. In: GRASSÉ PP (Ed), Traité de Zoologie, *Tome XIII (II), Masson& Cie, Paris:* 1303-1341

Bligh, E. e Dyer, W. 1959. Um método rápido de extração e purificação de lípidos totais. *Can. J.Biochem. Physiol*, 37: 911-917.

Bourquard C., 1985. Estrutura e mecanismos de criação, manutenção e evolução dos povoamentos ictiológicos do Golfo do Leão. Tese de doutoramento, 312 p. Univ. Montpellier 2.

Bradai, M.N. 2000. Diversité du peuplement ichtyque et contribution à la connaissance des sparidés du golfe de Gabès. *Tese Doct d'Etat. Ciências Naturais, Fac. SCI. Sfax*, 600 p.

Brauge, C., Corraze, G., e Médale, F. 1995. Effects of dietary levels of carbohydrate and lipid on glucose oxidation and lip genesis from glucose in rainbow trout, *Oncorhynchus mykiss,* reared in freshwater and seawater. *Comp. Biochem. Physiol, INRA*, P. 117-124.

Brett, M., Muller-Navara, D. e Perrson, J. 2009. Crustacean zooplankton fatty acid composition. In: Arts M, Brett M, Kainz M (eds). *Lipids in aquatic ecosystems. Springer, Nova Iorque*, p.115-146.

Brett, J.R., 1979. Environmental factors and growth. Em *Fish physiology* (Vol. 8, pp. 599-675). Imprensa académica.

Brockerhoff, H., Ackman, R., e Hoyle, R. 1963. Specific distribution of fatty acids in marine lipids (Distribuição específica de ácidos gordos em lípidos marinhos). *Arch Biochem Biophys*, 100: 9-12.

Budge, S.M., Iverson, S.J. e Koopman, H.N. 2006. Estudo da ecologia trófica em ecossistemas marinhos utilizando ácidos gordos: uma cartilha sobre análise e interpretação. *Mar. Mamm. Sci.* 22, 759-801.

Calder, P. 2009. Ácidos gordos poli-insaturados e processos inflamatórios: novas reviravoltas numa velha história. *Biochemistry,* 91: 791-795.

Camchi, M., Fowler, S.L., Musick, J.A., Brautigam, A. e Fordham, S.V. 1998. Sharks and their relatives-Ecology and conservation (Tubarões e seus parentes - Ecologia e conservação). *Grupo de Especialistas em Tubarões* da IUCN/SSC. *UICN, Cland, Suíça e Cambridge, Reino Unido*, 39 pp.

Cailliet, G.M., Musick, J.A., Simpfendorfer, C.A. e Steven, J.D. 2005. Ecology and Life History Carachteristics of Chondrichthyan Fish. *Em*: Fowler, S.L. ; Cavanagh, R.D. ; Camchi, M. ; Burgess, G.H. ; Cailliet, G.M. ; Forhham, S.V. ; Simpfendorfer, C.A e Musick, J.A. 2005. *Sharks, rays and Chimaeras: The statue of the condrichthyan Fishes (Tubarões, raias e quimeras: a estátua dos peixes condrictes). IUCN/SSC Shark Specialist Group. UICN, Gland, Suíça e Cambridge, Reino Unido*, 12-18 pp.

Canler, J. 2001. Performances des systèmes de traitement biologique aérobie des greisses - Graisses issues des dégraisseurs de stations d'épuration traitant des effluents à dominante domestique. *Documento técnico FNDAE* nº 24, 62 p.

Capanni, M., Calella, F., Biagini, M.R., Genise, S., Raimondi, L. e Bedogni, G. 2006. A suplementação prolongada com ácidos gordos polinsaturados n-3 melhora a esteatose hepática em doentes com doença hepática gorda não alcoólica: um estudo piloto. *Aliment Pharmacol Ther.* 23:1143-1151.

Carlson, S.E., Cooke, R.J., Rhodes, P.G., Peeples, J.M. e Werkman, S.H. 1992. Effect of vegetable and marine oils in preterm infant formulas on blood arachidonic and docosahexaenoic acids. *The Journal of pediatrics*, *120*(4), pp.S159-S167.

Casabinanca, M., De Kiener, A. e Huve, H. 1972. Biótopos e biocenoses das lagoas salobras da Córsega: *Biguglia, Diana, Urbino, Palo*. Milieu vol XXIII, fasc. ser. p. 187-227.

Cecchi, G., Biasini, S. e Castano, J. 1985. Metanólise rápida de óleos em meio solvente. *Revue Francaise des Corps Gras*, 32: 163-164.

Chavarro, J., Stampfer, M.L.I.H., Campos, H., Kurth, T. e Ma, J. 2007. A Prospective study of polyunsaturated fatty acid levels in blood and prostate cancer risk (Estudo prospetivo dos níveis de ácidos gordos polinsaturados no sangue e do risco de cancro da próstata). *Cancer Epidemio Biomarkers Prev,* 16:1364-1370.

Cho, C. e Bureau, D. 2001. Uma revisão das estratégias de formulação de dietas e sistemas de alimentação para reduzir os resíduos excretórios e alimentares em aquacultura. *Aquacult. Res.* 32: 349-360.

Chong, E.W. e Kreis, A.J. 2008. Ingestão de ácidos gordos ómega 3 e de peixe na prevenção primária da degenerescência macular relacionada com a idade: uma revisão sistemática e uma análise métrica. *Archives of Ophthalmology*, 126(6): 826-833.

Corraze, G. e Kaushik, S.J. 1999. Lipídios em peixes marinhos e de água doce. *OCL,* 6: 111-115.

Cowey, C. 1993. Alguns efeitos da nutrição na qualidade da carne de peixes cultivados. In: Fish Nutrition in Practice (Eds: Kaushik, S.J., Luquet, P.) Proc. IV Int. Symp. Fish Nutrition and feeding, Les colloques INRA, n°61, Editions INRA, Paris, França, .227-236.

Craig, S.R., Mackenzie, D.S., Jones, G. e Catlin, D.M. III. 2000. Mudanças sazonais nas condições reprodutivas sobre a composição corporal de três tambores vermelhos de criação, "*Sciaenops ocellatus*". *Aquaculture:* 190(1-2)89-102.

Crockett, E. e Sidell, D. 1993. Peroxisomal β-Oxidation Is a Significant Pathway for Catabolism of Fatty Acids in a Marine Teleost. *Am J Physiol.* 264: 1004-1009.

Cuijpers, P. e Smith, F. 2002. Excesso de mortalidade na depressão: uma meta-análise de estudos comunitários. *J Affect Discord*; 72:227-236.

Dabrowski, K. e Guderley, H. 2002. Intermediary metabolism In: Fish nutrition (Eds: Halver, J.E., and Hardy, R.W.) *Academic press*, pp. 309-365.

Denton, J. e Yousef, M. 1976. Composição corporal e pesos dos órgãos da truta arco-íris, *Salmo gairdneri*. *J Fish Biol*, 8:489-499

Dickinson, H.O., Mason, J.M., Nicolson, D.J., Campbell, F., Beyer, F.R., Cook, J.V., Williams, B. e Ford, G.A. 2006. Intervenções no estilo de vida para reduzir a tensão arterial elevada: uma revisão sistemática de ensaios aleatórios controlados. *Journal of hypertension*, *24*(2), pp.215-233.

Dieuzeide, R. 1955. Catalogue des poissons des cotes algériennes (III. Osteopterygii). *Bull. Stat. Aqui. Cast. 6*, pp.1-384.

Eldho, N., Feller, S., Tristram-Nagle, S., Polozov, IV. e Gawrisch, K. 2003. Polyunsaturated docosahexaenoic vs docosapentaenoic acid - Differences in lipid matrix properties from the loss of one double bond. *Journal of the American Chemical Society* 125: 6409-6421.

Entressangles, B., Pasero, L., Savary, P., Sarda, L. e Desnuelle, P. 1961. Influência da natureza das cadeias na velocidade da sua hidrólise pela lipase pancreática. *Bull Soc Chim Biol*, 43:581-91.

FAO. 2006. The State of World Fisheries and Aquaculture 2006. 180 pp.

Fauconneau, B., André, S., Chmaitilly, H., Le Bail, P., Krieg, F. e Kaushik, S. 1997. Control of skeletal muscle fibers and adipose cells size in the flesh of rainbow trout. *J Fish Biol,* 50: 296-314.

Faust, I., Johnson, P., Stern, J. e Hirsch, J. 1978. Diet-induced adipocyte number increase in adult rats: a new model of adiposity. *Am J Physiol,* 235: 275- 286.

Faust, J.M. e Miller, W.H. 1981. Hyperplastic growth of adipose tissue in obesity (Crescimento hiperplástico do tecido adiposo na obesidade). In: The Adipocyte and obesity: Cellular and Molecular Mechanism (Eds: Angel, A., Wollenberg, C.H., and Roncari D.A.K.) *Raven Press, New York, USA*, pp.41-51.

Fischer, W., Bauchot, M. e Schneider, M. 1987. Fichas de Identificação das Espécies da FAO para o Mediterrâneo e o Mar Negro "Revisão". Zona de pesca 37. *Vertebrados. Roma FAO*, 2: 761-1530.

Fluckiger, F. 1981. Limpeza de peixes no Mediterrâneo por *Crenilabrus melano-cercus*. Rapp. Int. Comm. Mer Medit, 27: 5.

Folch, J., Lees, M. e Sloan Stanley, G. 1957. Um método simples para o isolamento e a purificação de lípidos totais de tecidos animais. *J Biol Chem*, 226 :497-509.

Fonteneau, 1995. Os pelágicos do largo no Mediterrâneo: pesca, investigação e gestão dos recursos - Situação atual e perspectivas in: *La pêche maritime (maio-junho 1995)*

Frasure-Smith, N., Lespérance, F. e Julien, P. 2004. A depressão major está associada a níveis mais baixos de ácidos gordos ómega 3 em pacientes com síndromes coronárias agudas recentes. *Biological psychiatry*, *55*(9), pp.891-896.

Gélineau, A., Corraze, G., Boujard, T., Larroquet, L. e Kaushik, S. 2001. Relationship between dietary lipid level and voluntary feed intake, growth, nutrient gain, lipid deposition and hepatic lipogenesis in rainbow trout. *Reproduction Nutrition Development*, *41*(6), pp.487-503.

Geleijnse, J., Giltay, E., Grobbee, D., Donders, A. e Kok, F. 2002. Blood pressure response to fish oil supplementation: Metaregression analysis of randomized trials. *J Hypertens,* 20**:** 1493-1499.

Greer-Walker, M. 1970. Growth and development of the skeletal muscle fibers of the cod (*Gadus morhua* L.). *J Cons Perm Int Pou Mer.* 33: 228-244.

Greene, D. e Selivonchick, D. 1987. Metabolismo lipídico em peixes. *Prog. Lip. Res.* 26: 53-85.

Guler, G.O., Aktumsek, A., Citil, O.B., Arslan, A. e Torlak, E. 2007. Variações sazonais na composição total de ácidos gordos dos filetes de zander (Sander lucioperca) no lago Beysehir (Turquia). *Food Chemistry*, *103*(4), pp.1241-1246.

Hamazaki, T., Sawazaki, S., Nagao,Y., Kuwamori, T., Yazawa, K., Mizushima, Y. e Kobayashi, M. 1998. Docosahexaenoic acid does not affect aggression of normal volunteers under nonstressful conditions. Um estudo aleatório, controlado por placebo e em dupla ocultação. *Lipids* 33: 663-667.

Hamazaki, K., Itomura, M., Huan, M., Nishizawa, H., Sawazaki, S., Tanouchi, M., Watanabe, S., Hamazaki, T., Terasawa, K. e Yazawa, K. 2005. Effect of omega-3 fatty acid-containing phospholipids on blood catecholamine concentrations in healthy volunteers: a randomized, placebo controlled, double-blind trial. *Nutrition,* 21: 705-710.

Harmelin-viven, M. 1982. Ichtyofaune des herbiers de posidonies de parc national de port Crocs: I Composition et variation spatio-temporelles, *Trav. Sci. Parc nation. Port-Cross*, 8: 69-92.

Hattori, T., Adachi, K. e Shizuri, Y. 1998. Nova ceramida da esponja marinha Halicona koremella e compostos ,relacionados como substâncias anti-incrustantes contra macroalgas. *J Nat Prod*, 61: 823-826.

Hedelin, M., Chang, E., Wiklund, F., Bellocco, R., Klint, A., Adolfsson, J., Shahedi, K.Xu.J., Adami, H., Gronberg, H. e Balter, K. 2007. Association of frequent consumption of fattyfish with prostate cancer risk is modified by COX-2 polymorphism. *Int J Cancer,* 120**:** 398-405.

Hellio, C., Bremer, G., Pons, A.M., Le Gal, Y. e Bourgougnon, N. 2000. Inibição do desenvolvimento de microrganismos (bactérias e fungos) por extractos de algas marinhas da Bretanha, França. *Appl Microbiol Biotechnol*, 54: 543-549.

Hemre, G. e Sandnes, K. 1999. Effect of dietary lipid level on muscle composition in Atlantic salmon *Salmo salar. Aquacult.Nut.* 5: 9-16.

Hemre, G., Mommsen, T. e Krogdahl, A. 2002. Carbohydrates in fish nutrition: effects on growth, glucose metabolism and hepatic enzymes, *Aquaculture. Nutr.* 8, 175-194.

Henderson, R.J., Sargent, J.R. e Pirie, B.J.S. 1982. Peroxisomal oxidation of fatty acids in livers of rainbow trout *(Salmo gairdneri)* fed diets of marine zooplankton. Comparative Biochemistry and Physiology, 73B, 565-57.

Henderson, L. e Tocher, D. 1987. The lipid composition and biochemistry of freshwater fishes, *Prog. Lipid Res.* 26: 281-347.

Henderson, R., Millar, R. e Sargent, J. 1995. Efeito da temperatura de crescimento na distribuição posicional do ácido eicosapentaenóico e do ácido trans-hexadecenóico nos fosfolípidos de uma espécie de bactéria *Vibrio*. *Lipids* 30: 181-185.

Hennen, G. 1995. Biochimie 1er cycle. *Dunod:* Paris, 436 p.

Hibbeln, J. 1998. Composição do peixe e depressão grave. *Lancet* 351:1213.

Hillestad, M. e Johnsen, F. 1994. Dietas de alta energia e baixa proteína para o salmão do Atlântico: efeitos no crescimento, retenção de nutrientes e qualidade do abate. *Aquaculture,* 124: 109-112.

Hirose, K., Takezaki, T., Hamajima, N., Miura, S. e Tajima, K. 2003. Dietary factors protective against breast cancer in Japanese premenopausal and postmenopausal women. *Int J Cancer,* 107**:** 276-282

Hoar, W.S. 1957. The gonads and reproduction - in the physiology of fishes L Metabolism. - Brown M.E Ed. Ac. Press 287-321.

Hoffman, S.G., Schildhauer, M.P. e Warner, R.R. 1985. The cost of changing sex and the ontogeny of males under contest competition for mates. *Evolution*, 39: 915-922.

Holmström, C. e Kjelleberg, S. 1999. As espécies marinhas de Pseudoalteromonas estão associadas a organismos superiores e produzem agentes extracelulares biologicamente activos. *FEMS. Microbiol. Ecol.* 30: 285-293.

Hughes, T. A., Heimberg, M., Wang, X., Wilcox, H., Hughes, S. M., Tolley, E. A., Desiderio, D. M., e Dalton, J. T. 1996. Comparative lipoprotein metabolism of myristate, palmitate, and stearate in normolipidemic men. *Metabolism*, 45, 1108-18.

União Internacional de Química Pura e Aplicada e União Internacional de Bioquímica - Comissão de Nomenclatura Bioquímica, 1978. J Lipid Res, 19: 114-129.

Jobling, M., Koskela, J. e Savolainen, R. 1998. Influence of dietary fat level and increased adiposity on growth and fat deposition in rainbow trout, *Oncorhynchusmykiss* (Walbaum). *Aquacult. Res.* 29: 601-607.

Johansson, L., Kiessling, A., Kiessling, K. e Berglund, L. 2000. Effects of altered ration levels on sensory characteristics, lipid content and fatty acid composition of rainbow trout (*Oncorhynchus mykiss*), *Food Qual Prefer.*11**:** 247-254.

Kapoor, B., Smith, H. e Verighina, I. 1975. O canal alimentar e a digestão em teleósteos. *Adv. Mar. Biol.* 13:109-239.

Kaushik, S. e Oliva-Teles, A. 1985. Effect of digestible energy on nitrogen and energy balance in rainbow trout. *Aquaculture,* 50: 89-101.

Kaushik, S. 1986. Environmental effects on feed utilization. *Fish Physiol Biochem*, 2: 131-140.

Kaushik, S. 1997. Nutrição-alimentação e composição corporal em peixes. *Cah.Nutr.Diet.*32: 100-106.

Kaya, G. e Türkoğlu, S. 2017. Análise de certos ácidos gordos e bioacumulação de metais tóxicos em vários tecidos de três espécies de peixes que são consumidos pelo povo turco. *Ciência Ambiental e Pesquisa sobre Poluição, 24*, pp.9495-9505.

Koven, W., Van Anholt, R., Lutzky, S., Atia, I.B., Nixon, O., Ron, B. e Tandler, A. 2003. The effect of dietary arachidonic acid on growth, survival, and cortisol levels in different-age gilthead seabream larvae (Sparus auratus) exposed to handling or daily salinity change. *Aquaculture*, *228*(1-4), pp.307-320.

Kramer, J., Parodi, P., Jensen, R., Mossobam, M., Yurawecz, M. e Adolf, R. 1998. Rumenic acid: a proposed name for the major conjugated linoleic acid isomer found in natural products. *Lipids*, 33: 835

Le Bris, S., Pean, M. e Guichard, B. in: DORIS, 28/04/2013: *Symphodus Tinca* (Linnaeus, 1758), http://doris.ffessm.fr/fiche2.asp?fiche_numero=604.

Le Grand, P. e Rioux, V. 2010. As complexas e importantes funções celulares e metabólicas dos ácidos gordos saturados. *Lipids,* 45, 941-6.

Lee, T.H., Hoover, R.L., Williams, J.D., Sperling R.I., Ravalese J., 3rd, Spur, B.W., Robinson, D.R., Corey, E.J., Lewis, R.A. e Austen, K.F. 1985. Effect of dietary enrichment with eicosapentaenoic and docosahexaenoic acids on in vitro neutrophil and monocyte leukotriene generation and neutrophil function. *N Engl J Med*; 312(19):1217-1224.

LeTourneur Y., 1991. Modificações na população de peixes da planície recifal de Saint-Pierre (Ilha da Reunião, Oceano Índico) após a passagem do ciclone Firinga. *Cybium,* 15: 159-170.

Lie, Ø., Waagbø, R. e Sandnes, K. 1988. Growth and chemical composition of adult Atlantic salmon (*Salmo salar*) fed fed dry and silage-based diet. *Aquaculture,* 69: 343-353.

Luddy, F., Barfield, R., Herb, S., Magidman, P. e Riemen Schneider, R. 1963. Hidrólise da lipase pancreática de triglicerídeos por uma técnica semi-micro. *J Am Oil Chem Soc*, 41: 693-696.

Maes, S., Leventhal, H. e Ridder, D.T.D. 1996. Coping with chronic diseases. In Zeidner, M., and Endler, N. (Eds.), Handbook of Coping: Theory, Research and Applications, *Wiley,* New York, pp. 221-251.

Martin, A. 2001. Apports Nutritionnels Conseillés pour la population française, *Afssa, CNERNA-CNRS, Ed.Tec&Doc.*

Médale, F., Blanc, D. e Kaushik, S. 1991: Studies on the nutrition of Siberian sturgeon, *Acipenser baeri.* 2. Utilization of dietary non-protein energy by sturgeon. *Aquaculture,* 93: 143-154.

Médale, F., Lefèvre, F. e Corraze, G. 2003. Qualité nutritionnelle et diététique des poissons: constituants de la chair et facteurs de variations. *Cah Nutr Diét.* 38: 37-44.

Mickleborough, T.D. e Rundell, K.W. 2005. Dietary polysaturated fatty acids in asthmaand -exerciseinduced -bronchoconstriction (Ácidos gordos polinsaturados da dieta na asma e -broncoconstrição -induzida pelo exercício)-. *European Journal of Clinical Nutrition*, 59-:13351346.

Moyle, P., J. Cech. 2000. Fishes: An Introduction to Ichthyology - quarta edição. Upper Saddle River, NJ: Prentice-Hall.

Mozaffarian, D. e Rimm, E. 2006. Fish intake, contaminants, and human health: evaluating the risks and the benefits (Ingestão de peixe, contaminantes e saúde humana: avaliando os riscos e os benefícios). *JAMA,* 296**:** 1885-1899.

Mozaffarian, D., Katan, M., Ascherio, A., Stampfer, M. e Willett, W. 2006. Transfatty acids and cardiovascular disease (Ácidos transgénicos e doenças cardiovasculares). *N Engl J Med,* 354**:** 1601-1613.

Nanton, D.A., Lall, S.P. e McNiven, M.A. 2001. Effects of dietary lipidlevel on liver and muscle lipid deposition in juvenile haddock, *Melanogrammusaeglefinus* L. *Aquacult. Res.* 32: 225-234.

Nanton, D., Lall, S., Ross, N. e McNiven, M. 2003. Effect of dietary lipid level on fatty acid β-oxidation and lipid composition in various tissues of haddock, Melanogrammus aeglefinus L. *Comp Biochem Physiol.* 135(B): 95-108.

Neddelman, P., Raz, A. e Minkes, M. 1979. Triene prostaglandins: síntese de protacilina e tromboxano e propriedades biológicas únicas. *Proc Natl Acad Sci USA*, 76 : 944-948.

Nelson, J. 1994. Fishes of the World (3ª edição), Nova Iorque: Wiley & Sons.600p.

Öksüz, A., Özyılmaz, A. e Küver, Ş. 2011. Composição de ácidos gordos e conteúdo mineral de Upeneus moluccensis e Mullus surmuletus. *Jornal Turco de Pescas e Ciências Aquáticas*, *11*(1).

Olsen, Y. 1998. Lipídios e ácidos gordos essenciais nas redes alimentares aquáticas. In: Arts MT, Wainman BC (Eds) *Lipids in freshwater ecosystems*, p. 161-202.

Osman, H., Suriah, A.R. e E.C. Law. 2001. Composição de ácidos gordos e teor de colesterol de peixes marinhos selecionados nas águas da Malásia. Food Chemistry, 73: 55-60.

Ouannes-Ghorbel, A. 1996. Contribution à l'étude biologique des Labridés (Poissons Téléostéens Perciformes) des côtes de Sfax.*Rapp. DEA, Uni. Tunis II.* 118 p.

Ouannes-Ghorbel, A., Bradai, M.N. e Bouain, A. 2002. Período de reprodução e maturidade sexual de *Symphodus (Crenilabrus) tinca* (Labridae), das costas de Sfax. *Cybium : 89-92.*

Ouannes-Ghorbel, A. 2003. Estudo ecobiológico dos Labridae (Fishes - Teleosts) das costas meridionais da Tunísia. *Tese.* Fac. Sci. Sfax, 206p.

Ouannes-Ghorbel, A. e Bouain, A. 2006. A dieta do bodião-pavão, *Symphodus (Crenilabrus) tinca* (Labridae), na costa sul da Tunísia.

Ownby, R.L., Crocco, E., Acevedo A., John V. e Loewenstein, D. 2006. Depression and risk for Alzheimer disease: systematic review, meta-analysis, and metaregression analysis.*Arch.Gen.Psychiatry*; 63(5):530-8.

Pallaoro A. e Jardas I. 2003. Alguns parâmetros biológicos do bodião-pavão, *Symphodus (Crenilabrus) tinca* (L.1758) (Pisces: Labridae) do Adriático Médio Oriental (costa croata). *Sci. Mar.* 67(1): 33-41.

Pascal, J.C. e Ackman, R.G. 1976. Origin of di-isobutyl phthalate, a contaminant mimicking nonadecenoic acid in fatty acids of egg membrane lipids. *Comparative Biochemistry and Physiology Part B: Comparative Biochemistry*, *53*(1), pp.111-113.

Passi, S., Cataudella, S., Di Marco, P., De Simone, F., Rastrelli, L. 2002. Composição de Ácidos Gordos e Níveis de Antioxidantes no Tecido Muscular de Diferentes Espécies Marinhas Mediterrânicas de Peixes e Mariscos.*J. Agr. Food Chem.* 50: 7314-7322.

Peet, M., Murphy, B., Shay, J. e Horrobin, D. 1998. Depleção dos níveis de ácidos gordos ómega 3 nas membranas dos glóbulos vermelhos de doentes depressivos. *Biol Psychiatry,* 43: 315-319.

Puri, B., Ross, B. e Treasaden, I. 2008. Níveis aumentados de etano, um marcador não invasivo, quantitativo e direto da peroxidação lipídica n-3, na respiração de pacientes com esquizofrenia. *Prog Neuropsychopharmacol Biol Psychiatry,* 32: 858-862.

Quignard, J.P. 1966. Recherches sur les Labridae (Poissons Téléostéens Perciformes) des côtes européennes. Systématique et biologie (Pisces, Teleosts, Perciformes) das costas europeias. Sistemática e biologia. *Causa e Castelnau* ed. *Montpellier*, 247p.

Quignrad, J.1978. Introduction à l'ichtyologie méditerranéenne: aspect général du peuplement. *Bull Off Natl Pêche Tunisie*, 2: 3-21

Quignard JP, Zaouali J. 1980. Les lagunes peri-medterraneenne. Bibliographie ichthyologique annotée. Premiere partie: Les etangs Frangais de Canet a Thau. Bull Off Nat Pech Tunis 4:293-360.

Quignard, J. e Pras, A. 1986. Labridae. In: Fishes of the North-Eastern Atlantic and the Mediterranean (Whitehead P.J.P., Bauchot M.-L., Hureau J.-C., Nielson J. & E. Tortonese,eds), pp. 919-942. Paris: *UNESCO.*

Quignard, J. e Tomasini, J. 2000. Mediterranean fish biodiversity. *Biol. Mar. Medit*, 7: 1-66.

Rasmussen, R. e Ostenfeld, T. 2000. Influence of growth rate on white muscle dynamics in rainbow trout and brook trout. *J Fish Biol.* 56: 1548-1552.

Rasmussen, R., Ostenfeld, T. e McLean, E. 2000. Crescimento e utilização da ração da truta arco-íris sujeita a alterações nas concentrações de lípidos da ração. *Aquac. Int.*8: 531-542.

Regost, C., Arzel, J., Cardinal, M., Robin, J., Laroche, M. e Kaushik, S. 2001. Dietary lipid level, hepatic lipogenesis and flesh quality in turbot (*Psettamaxima).* *Aquaculture,* 193: 291-309.

Reinitz, G. 1983. Relative effect of age, diet and feeding rate on the body, composition of young rainbow trout (*Salmo gairdneri*). *Aquaculture* 35: 19-27.

Rivaton J., Foumanoir P., Bourre.T P. e M. Kulbicki. 1989. Catalogue des poissons de Nouvelle-Calédonie. *Catalogues Sci. Mer, ORSTOM Nouméa*, 2: 170 p.

Ross R.M., Losey G.S. e Diamond D.M. 1983. Sex change in a coral-reef fish: dependence of stimulation and inhibitionon relative size. *Science*, 221: 574-575

Sargent, J., Henderson, R. e Tocher, D. 1989. Os lípidos. In: Fish Nutrition (Eds: Halver, J.E.). *Academic Press, INC*, pp. 153-218.

Sargent, J., Bell, G., McEvoy, L., Toucher, D. e Estevez, A. 1999. Recent developments in the essential fatty acid nutrition of fish. *Aquaculture,* 177: 191-199.

Sargent, J., Bell, J., Bell, M., Henderson, R. e Tocher, D. 1995. Critérios de necessidade de ácidos gordos essenciais. *Journal of Applied Ichthyology-Zeitschrift Fur AngewandteIchthyologie* 11: 183-198.

Sargent, J.R., McEvoy, L.A. e Bell, J.G. 1997. Requisitos, apresentação e fontes de ácidos gordos polinsaturados nos alimentos para larvas de peixes marinhos. *Aquaculture*, *155*(1-4), pp.117-127.

Schmitz, G. e Ecker, J. 2008. Os efeitos opostos dos ácidos gordos n-3 e n-6. *Progress in Lipid Research,* 47: 147-155.

Seloudre, P. e C. Chauvet. 1986. Observations préliminaires sur l'ichtyofaune d'un herbier superficiel, l'herbier de posidonies du Racou (Golfe du Lion). Rapp. Comm. int. mer Médit, 30: 224.

Shearer, K. 1994. Factores que afectam a composição proximal dos peixes cultivados, com ênfase nos salmonídeos. *Aquaculture* 119: 63-88.

Shearer, K., Silverstein, J. e Dickhoff, W. 1997. Control of growth and adiposity of juvenile Chinook salmon (*Oncorhynchus tshawytscha*). *Aquaculture* 157: 311-323.

Sigurgisladottir, S., Lall, S.P., Parrish, C.C. e Ackman, R.G. 1992. Cholestane as a digestibility marker in the absorption of polyunsaturated fatty acid ethyl esters in Atlantic salmon. *Lipids* 27, 418-424.

Soljan, T. 1930. Ninho de peixes do Adriático Lipp (*Crenilabrus ocellatus Forsk.*) - *Z. Morphol. ecol Animals* 17, p. 145-153.

Soljan, T. 1931. Cuidados parentais através da construção de ninhos em Crenilabrus quinquema culata Risso, um bodião do Adriático. - *Z. Morphol. ecol Animals* 20, p. 132-135

Sonntag, N.O.V.b. 1979. Estrutura e composição de gorduras e óleos. In: Swern D. (Ed.), Bailey's industrial oil and fat products, volume 1. Quarta edição. *Wiley-Interscience: New-York,*1-98.

Stephenson, C. 2004. Fish oil and inflammatory disease: Is asthma the next target for n-3 fatty acid supplements, *Nutrition Reviews*, 62(12):486489-.

Stickland, N.C. 1983. Crescimento e desenvolvimento das fibras musculares na truta arco-íris (*Salmo gairdneri*). *J.Anat.* 7, 323-333.

Stoner, A. 1980. Ecologia alimentar de *Lagodon rhomboides* (Pisces: Sparidae): Variação e respostas funcionais. Peixes sparídeos simpátricos de prados de ervas marinhas. *Fish Bull*, 78: 337-352.

Stoner, A. e Lingviston, R. 1984. Ontogenetic patterns in diet and feeding morphology in sympatric sparid fishes from sea-grass meadows. *Copeia*, 1984: 174-178.

Takeuchi, T., Watanabe, T. e Ogino, C. 1978. Efeitos suplementares dos lípidos numa dieta rica em proteínas para a truta arco-íris. *Bull Japan Soc Sci Fish.* 44: 677-681.

Takeuchi, T., Watanabe, T. e Ogino, C. 1979 Digestibilidade dos óleos de peixe hidrogenados na carpa e na truta arco-íris. *Bull Japan Soc Sci Fish*, 45: 1517-1519.

Tavazzi, L., Maggioni, A., Marchioli, R., Barlera, S., Franzosi, M., Latini, R., Lucci, D., Nicolosi,G., Porcu, M. e Tognoni, G. 2008. Effect of n-3 polyunsaturated fatty acids in patients withchronic heart failure (the GISSI-HF trial): a randomised, double-blind, placebo-controlled trial, *Lancet,* 372**:** 1223-1230.

Thresher, R. 1983. Efeito do habitat no sucesso reprodutivo do peixe de recife de coral, *Acanthochromis Polyacanthus* (Pomacentriadea). *Ecology,* 64:1184-1199.

Tocher, D. 2003. Metabolismo e funções dos lípidos e ácidos gordos em peixes teleósteos. *Reviews in Fisheries Science,* 11: 107-184.

Torstensen, B.E., Lie, Ø. e Frøyland, L. 2000. Lipid Metabolism and Tissue Composition in Atlantic Salmon (*Salmo salar L.*)-Effects of Capelin Oil, Palm Oil, and Oleic Acid-Enriched Sunflower Oil as Dietary Lipid Sources. *Lipids* 35, 653-664.

Tortonese E. 1975. Osteichthyes, Pesci Ossei. In: Fauna d'Italia. Calderini Ed. Bolonha, 6: 374-376.

Turon, F., Bachain, P., Caro, Y., Pina, M. e Graille, J. 2002. Um método direto para a análise regioespecífica de TAG utilizando α-MAG. *Lipids,* 37: 817-821.

Uchiyama, H. e S, Ehira. 1974. Relação entre a frescura e os nucleótidos solúveis em ácido nos músculos asépticos do bacalhau e da cauda amarela durante a armazenagem no gelo. *Bull. Tokai Reg. Fish. Lab. 78,* 23-31.

Van Anholt, R., Spanings, E., Koven, W., Nixon, O. e Bonga, S. 2004. Arachidonic acid reduces the stress response of gilthead sea bream *Sparus aurata* L. *Journal of Experimental Biology,* 207: 3419-3430.

Van der Kooy, K., Van Hout, H., Marwijk, H. 2007. *Depression and the risk for cardiovascular diseases: Systematic review and meta-analysis (Depressão e risco de doenças cardiovasculares: revisão sistemática e meta-análise). Int J Geriatr Psychiatry; 22:613-26.*

Veylon, R. 1977. La mer, source de médicaments. *La nouvelle presse médicale*, 6: 2353-2356.

Walton, M.J. e Cowey, C.B. 1982. Aspectos do metabolismo intermediário em peixes salmonídeos. *Comp. Biochem. Physiol.* 71(B), 59-79.

Ware, D.M. 1972. Predação pela truta arco-íris (*Salmo gairdneri*): a influência da fome, da densidade e do tamanho da presa. *J Fish Res Board Can*, 29: 1193-1201. .

Wassall, S.R., Brzustowicz, M.R., Shaikh, S.R., Cherezov, V., Caffrey, M. e Stillwell, W. 2004. Order from disorder, corralling cholesterol with chaotic lipids: The role of polyunsaturated lipids in membrane raft formation. *Química e física dos lípidos*, *132*(1), pp.79-88.

Watanabe, T. 1982. Nutrição lipídica em peixes.*Comp. Biochem. Physio.* 73: 3-15.

Watkins, B., Lippmann, H., Le Bouteiller, L., Li, Y. e Seifert, M. 2001. Bioactive fatty acids: role in bone biology and bone cell function (Ácidos gordos bioactivos: papel na biologia óssea e na função das células ósseas). *Prog Lipid Res*, 10: 125-148.

Weatherley, A.H. e Gill, H.S. 1983. Crescimento relativo dos tecidos a diferentes taxas de crescimento somático na truta arco-íris *Salmo gairdneri* Richardson. *J. Fish Biol.* 23,43-60.

Zhou, S., Ackman R. e Morrison, C. 1996. Adipocytes and Lipid distribution in the muscle tissue of Atlantic salmon (*Salmo salar). Can J Fish AquatSci,*.53: 326-332.

Zivkovic, A., German, J. e Sanyal, A. 2007. Revisão comparativa de dietas para a síndrome metabólica: implicações para a doença hepática gorda não alcoólica. *Am J Clin Nutr,* 86**:** 285-300.

Apêndices

Apêndice 1:

Principais ácidos gordos saturados existentes na natureza (International Union of Pureand Applied Chemistry e International Union of Biochemistry Commission on Biochemical Nomenclature,1978; Kramer et al., 1998).

Nomenclatura normalizada	Denominação sistemática do ácido	Designação comum do ácido	Química estrutural	Nomenclatura Ómega
C1: 0	Metanóico	Fórmico	CHOOH	C1:0
C2 :0	Etanoico	Acético	CH3COOH	C2:0
C3 :0	Propanoico	Propiónico	CH3CH2COOH	C3:0
C4 :0	Butanóico	Butírico	CH3(CH2)2COOH	C4:0
C5 :0	Ácido 3-metilbutanóico	Valérico	CH3(CH2)3COOH	C5:0
C5:0iso	Pentanóico	Isovalérico	CH3CHCH3CH2COOH	C5:0iso
C6 :0	hexanóico	Ácido caproico	CH3(CH2)4COOH	C6:0
C7 :0	Heptanóico	Enânticos	CH3(CH2)5COOH	C7:0
C8 :0	Octanóico	Caprílico	CH3(CH2)6COOH	C8:0
C9 :0	Nonanóico	Pelargónico	CH3(CH2)7COOH	C9:0
C10 :0	Decanóico	Caprique	CH3(CH2)8COOH	C10:0
C12 :0	Dodecanóico	Laurique	CH3(CH2)10COOH	C10:0
C14 :0	Tetradecanóico	Mirístico	CH3(CH2)12COOH	C14:0
C16 :0	Hexadecanóico	Palmítico	CH3(CH2)14COOH	C16:0
C18 :0	Octadecanóico	Esteárico	CH3(CH2)16COOH	C18:0
C20 :0	icosanóicol	Araquídico	CH3(CH2)18COOH	C20:0
C22 :0	Docosanóico	Beénicos	CH3(CH2)20COOH	C22:0
C24 :0	Tetracosanóico	Iignoceric	CH3(CH2)22COOH	C24:0
C26 :0	Hexacosanóico	Cerótico	CH3(CH2)24COOH	C26:0
C28 :0	Octacosanóico	Montanique	CH3(CH2)26COOH	C28:0

C30 :0	Tricontanóico	melífluo	$CH_3(CH_2)_{28}COOH$	C30:0

Principais ácidos gordos monoinsaturados presentes na natureza (International Union of Pureand Applied Chemistry e International Union of Biochemistry Commission on Biochemical Nomenclature, 1978; Kramer et al., 1998).

Nomenclatura normalizada	Nomeação sistemática do ácido	Designação comum do ácido	Química estrutural	Nomenclatura Ómega
C12 :1(9)	ácido cis-9-dodecenóico	lauroleico	CH3CH2CH=CH(CH2)7 COOH	C12:1w-3
C14 :1(9)	ácido tetradecenóico	Miristoleico	CH3(CH2)3CH=CH(CH2)7COOH	C14:1w-5
C16 :1(9)	ácido cis-9-hexadecenóico	Palmitoleico	CH3(CH2)5CH=CH(CH2)7COOH	C16:1w-7
C18 : 1(trans 6)	ácido trans-6-octadecenóico	Petroselaidic	CH3(CH2)10CH=CH(CH 2)4COOH	C18:1w-12
C18 :1(9)	ácido cis-9-octadecenóico	Oleico	CH3(CH2)7CH=CH(CH2)7COOH	C18:1w-9
C18 : 1(trans 9)	ácido trans-9-octadecenóico	Elaídico	CH3(CH2)7CH=CH(CH2)7COOH	C18:1w-9
C18 :1(11)	ácido cis-11-octadecenóico	Vacinas	CH3(CH2)5CH=CH(CH2)9COOH	C18:1w-7
C18 : 1(trans 11)	ácido trans-11-octadecenóico	transvacénico	CH3(CH2)5CH=CH(CH2)9COOH	C18:1w-7
C20 :1(9)	cis-9-icosenóico(1)	Gadoleico	CH3(CH2)9CH=CH(CH2)7COOH	C20:1w-11
C22 :1(11)	ácido cis-11-docosenóico	Cetoléico	CH3(CH2)9CH=CH(CH2)9COOH	C22:1w-11
C22 :1(13)	ácido cis-13-docosenóico	Erucic	CH3(CH2)7CH=CH(CH2)11COOH	C22:1w-9
C24 :1(15)	ácido cis-15-tetracosenóico	Selacholeico	CH3(CH2)7CH=CH(CH2)13COOH	C24:1w-9

Principais ácidos gordos polinsaturados de ocorrência natural (União Internacional de Química Pura e Aplicada e União Internacional de Bioquímica - Comissão de Nomenclatura Bioquímica, 1978; Kramer et al., 1998).

Nomenclatura normalizada	Denominação sistemática do ácido	Designação comum do ácido	Química estrutural	Nomenclatura ureomega
C18:2(9, 12)	ácido cis-9,12-octadecadienóico	linoleico	CH3(CH2)4CH=CHCHCH2CH=CH(CH2)7COOH	**C18:2ω6**
C18 : 2(9,trans11)	ácido cis,trans-9,11-octadecadienóico	ácido linoleico conjugado-9, trans-11 música	CH3(CH2)5CH=CHCHCH=CH(CH2)7COOH	C18:2ω7
C18:2(trans 10,12)	ácido trans,cis-10,12-octadecadienóico	linoleic conjugué trans-10, cis-12	CH3(CH2)4CH=CHCHCH=CH(CH2)8COOH	C18:2ω6
C18 : 3(6,9,12)	ácido cis,cis,cis-6,9,12-octadecatrienóico	g-linolénico	CH3(CH2)3(CH2CH=CH)3(CH2)4COOH	C18:3ω6
C18 : 3(9,12, 15)	ácido cis,cis,cis-9,12,15-octadecatrienóico	a-linolénico	CH3(CH2CH=CH)3(CH2)7COOH	C18:3ω3
C18 : 3(9,trans 11,trans13)	cis,trans,trans-9,11, 13-octadecatrienóico	a-eleostearato	CH3(CH2)3(CH=CH)3(CH2)7COOH	C18:3ω5
C20 : 4(5,8,11,14)	cis,cis,cis,cis-5,8, 11,14-icosatetraenóico(1)	Araquidónico	CH3(CH2)4(CH=CHCHCH2)3CH=CH(CH2)3COOH	C20:4ω6
C20 : 5(5,8,11, 14,17)	cis,cis,cis,cis, cis,cis-5, 8, 11, 14,17-ácido icosapentaenóico1	EPA	CH3CH2(CH=CHCHCH2)4CH=CH(CH2)3COOH	C20:5ω3
C22 : 5(4,8,12, 15,19)	cis,cis,cis,cis, cis,cis-4, 8,12, 15,19-ácido	Cuplanodónico	CH3CH2CH=CH(CH2)2CH=CHCHCH2(CH=CH(CH 2)2)3COOH	C22:5ω3

	docosapentaenóico			
C22 : 6(4,7,10,13,16,19)	cis,cis,cis,cis,cis,cis-4,7,10,13,16,19-docosahexaenóico	DHA	CH3CH2(CH=CHCHCH2)5CH=CH(CH2)2COOH	C22:6ω3

Apêndice 2

Percentagens de ácidos gordos presentes nos lípidos totais da carne, fígado e gónadas de *Symphodus tinca,* que vive no meio marinho

	Cadeira		Fígados		gónadas	
	♀	♂	♀	♂	♀	♂
C14:0	1,74%	2,11%	3,80%	5,75%	1,74%	2,11%
C16:0	23,17%	26,18%	29,00%	26,37%	23,17%	26,18%
C17:0	1,14%	0,37%	2,18%	0,79%	0,34%	0,46%
C18:0	7,84%	6,43%	7,20%	7,13%	7,84%	6,43%
C16:1n-7	2,76%	4,76%	5,09%	10,03%	2,76%	4,76%
C18:1n-9	7,58%	10,99%	7,96%	14,75%	7,58%	10,99%
C18:2 n-6	1,28%	2,16%	2,59%	3,20%	0,97%	2,76%
C18:3 n-6	0,64%	0,33%	0,14%	0,32%	1,36%	0,26%
C18:3n-3	0,44%	1,69%	0,55%	2,49%	0,40%	1,22%
C20:2 n-6	0,82%	0,87%	0,14%	0,80%	1,22%	1,29%
C20:3 n-6	0,35%	0,37%	0,07%	0,38%	0,54%	0,42%
C20:4n-6	14,98%	11,57%	10,39%	8,39%	14,98%	11,57%
C20:5n-3	11,89%	11,74%	9,36%	11,18%	11,89%	11,74%
C22:5n-3	4,17%	3,26%	1,69%	1,29%	4,17%	3,26%
C22:6 n-3	23,30	15,66	17,30	7,06	23,30	15,66

Percentagens de ácidos gordos presentes nos lípidos totais da carne, fígado e gónadas de *Symphodus tinca,* que vive em lagoas.

	Cadeira		Fígado		gónadas	
	♀	♂	♀	♂	♀	♂
C14:0	4,31%	3,05%	4,66%	8,84%	23,70%	21,93%
C16:0	23,67%	21,81%	24,35%	30,69%	4,77%	1,70%
C17:0	0,5%	0,42%	0,93%	0,95%	0,51%	0,63%
C18:0	5,97%	5,81%	6,94%	5,10%	5,01%	4,39%
C16:1n-7	5,78%	6,90%	12,73%	13,30%	10,05%	5,29%
C18:1n-9	12,50%	10,17%	11,25%	11,08%	18,20%	15,05%
C18:2 n-6	1,71%	0,42%	2,81%	3,20%	2,60%	1,55%
C18:3 n-6	0,35%	0,92%	0,37%	0,32%	0,28%	0,68%
C18:3n-3	0,49%	0000%	0,82%	2,44%	0,72%	0,91%
C20:2 n-6	1,01%	0,64%	1,72%	0,84%	0,82%	0,62%
C20:3 n-6	0,39%	0000%	0,26%	0,09%	0,02%	0,10%
C20:4n-6	10,28%	10,80%	7,30%	6,50%	10,39%	12,65%
C20:5n-3	11,88%	8,30%	12,90%	8,04%	12,24%	13,82%
C22:5n-3	2,19%	1,87%	2,06%	1,12%	1,85%	7,16%
C22:6 n-3	17,6%	26,83%	9,56%	7,77%	13,20%	21,38%

Percentagens de ácidos gordos presentes nos lípidos totais da carne, do fígado e das gónadas de *Symphodus tinca,* encontrados nas costas das ilhas.

	Cadeira		Fígado		Gónadas	
	♀	♂	♀	♂	♀	♂
C14:0	6,09%	5,39%	7,35%	5,88%	5,00%	3,28%
C16:0	28,02%	24,76%	26,55%	25,70%	26,95%	26,48%
C17:0	0,35%	0,30%	0,34%	0,45%	0,32%	0,53%
C18:0	6,67%	6,54%	5,63%	4,99%	5,46%	7,27%
C16:1n-7	7,75%	9,20%	10,48%	10,52%	6,52%	5,50%
C18:1n-9	18,43%	21,12%	18,27%	20,18%	15,77%	20,96%
C18:2 n-6	2,84%	2,18%	2,01%	1,39%	1,75%	2,61%
C18:3 n-6	0,50%	0,45%	0,48%	0,37%	0,52%	0,36%
C18:3n-3	0,51%	0,75%	0,13%	1,21%	1,07%	0,58%
C20:2 n-6	0,78%	0,71%	0,17%	0,96%	0,75%	0,74%
C20:3 n-6	0,69%	0,54%	0,04%	0,45%	0,22%	0,4%
C20:4n-6	6,77%	8,00%	6,58%	8,55%	8,47%	10,03%
C20:5n-3	3,48%	1,54%	11,27%	10,22%	10,03%	7,94%
C22:5n-3	6,41%	4,05%	3,06%	2,48%	3,74%	2,60%
C22:6 n-3	11,67%	9,88%	6,83%	5,36%	13,12%	9,15%

Apêndice 3

Variação da percentagem de C14:0, C16:0 e C18:0 na carne de machos e fêmeas de *symphodus tina* na estação marinha (mês de março)

%emAGT	Filetes fêmeas	Filetes machos
C14:0	1,74%	2,11%
C16:0	23,17%	26,18%
C18:0	7,84%	6,43%

Variação da percentagem de C14:0, C16:0 e C18:0 na carne de *symphodustina* machos e fêmeas na estação lagunar (mês de março).

%emAGT	Filetes fêmeas	Filetes machos
C14:0	4,31%	3,05%
C16:0	23,67%	21,81%
C18:0	5,97%	5,81%

Variação da percentagem de C14:0, C16:0 e C18:0 na carne de machos e fêmeas de *symphodus tina* da estação insular.

%emAGT	Filetes fêmeas	Filetes machos
C14:0	6,09%	5,39%
C16:0	28,02%	24,76%
C18:0	6,67%	6,54%

Annexe 4 :

Chromatogramme des AGT de la chair d'un individu mâle(milieu marin)

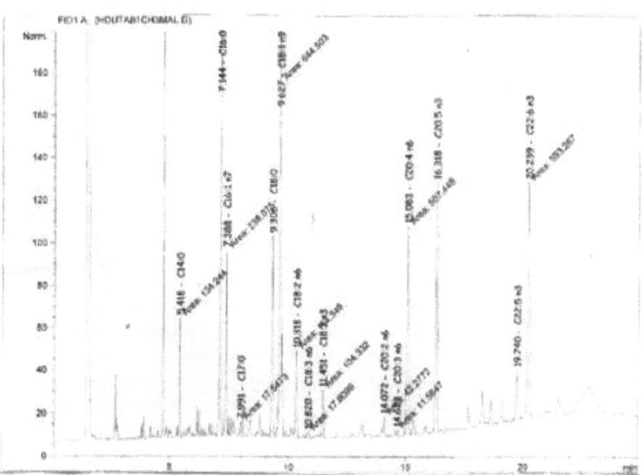

Chromatogramme des AGT de la chair d'un individu femelle (milieu marin)

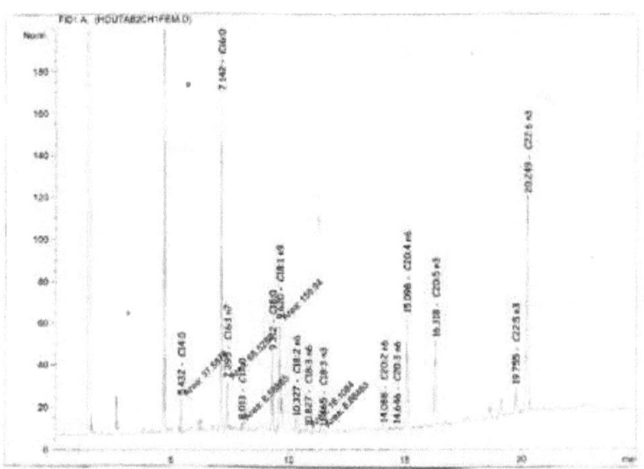

Chromatogramme des AGT de la chair d'un individu mâle (milieu lagunaire)

Chromatogramme des AGT de la chair d'un individu femelle(milieu lagunaire)

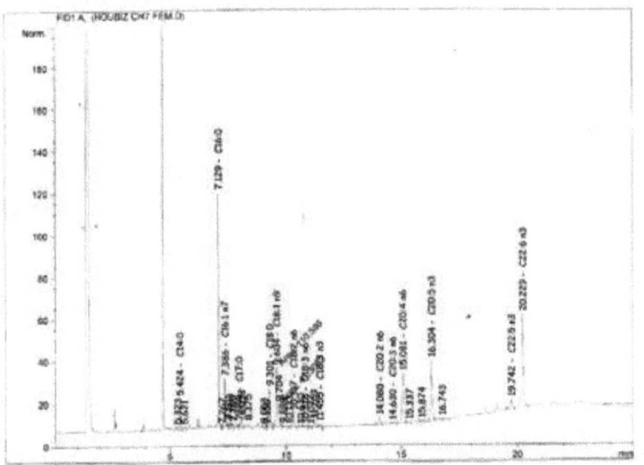

Chromatogramme des AGT de la chair d'un individu mâle (milieu insulaire)

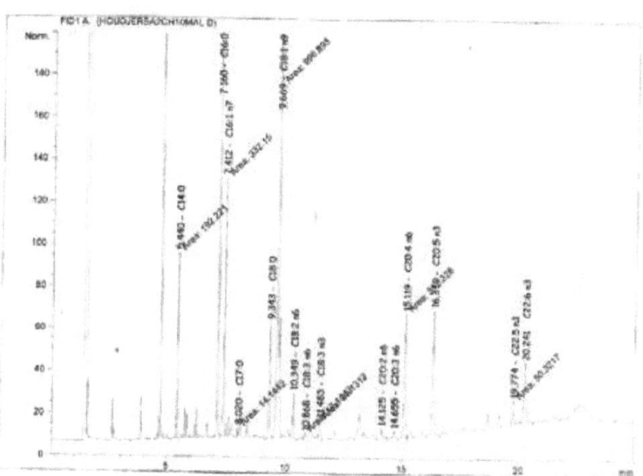

Chromatogramme des AGT de la chair d'un individu femelle(milieu insulaire)

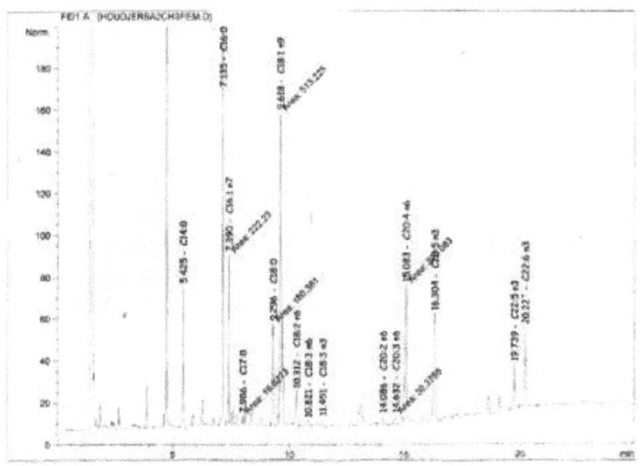

Chromatogramme des AGT hépatiques d'un individu mâle (milieu marin)

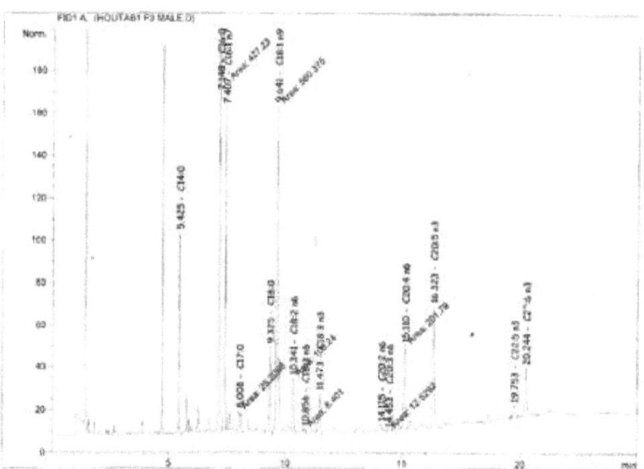

Chromatogramme des AGT hépatique d'un individu femelle (milieu marin)

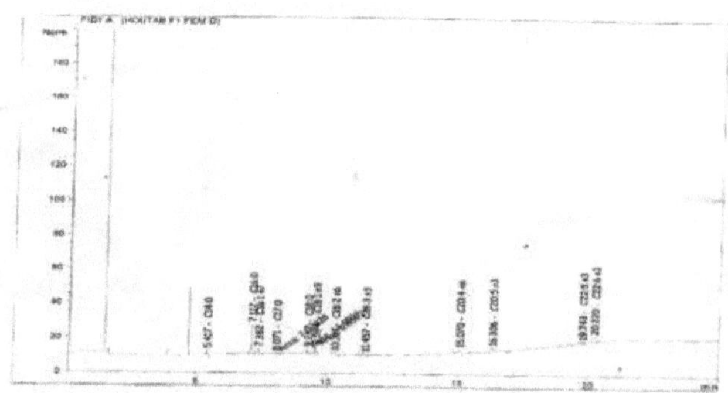

Chromatogramme des AGT hépatiques d'un individu mâle (milieu lagunaire)

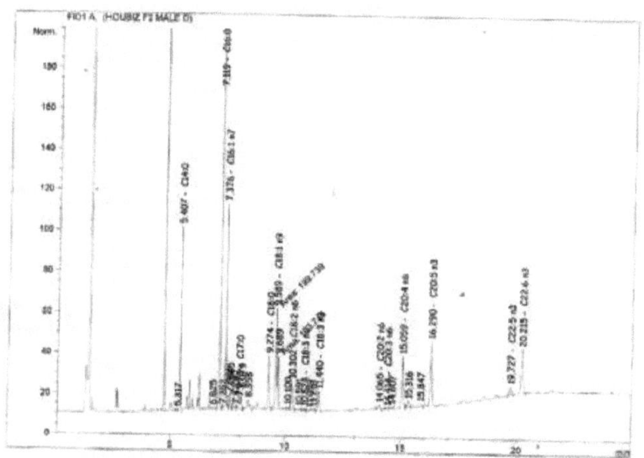

Chromatogramme des AGT hépatiques d'un individu femelle(milieu lagunaire)

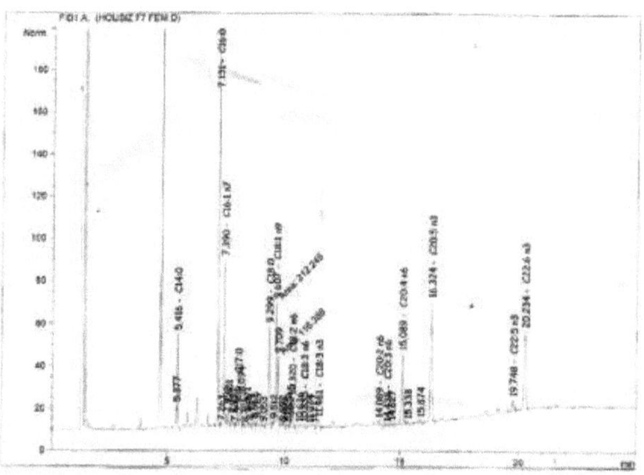

Chromatogramme des AGT hépatiques d'un individu mâle (milieu insulaire)

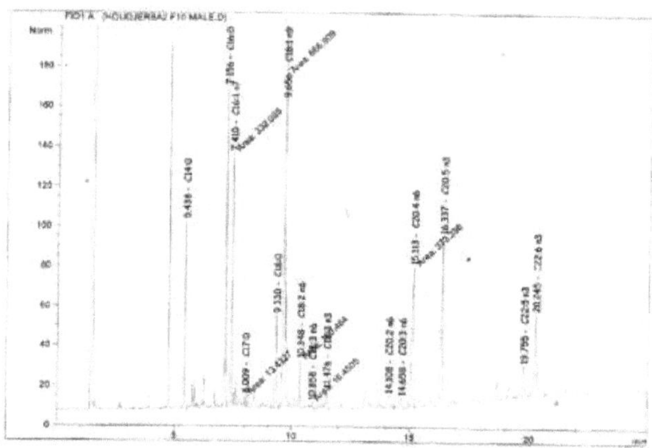

Chromatogramme des AGT hépatiques d'un individu femelle(milieu insulaire)

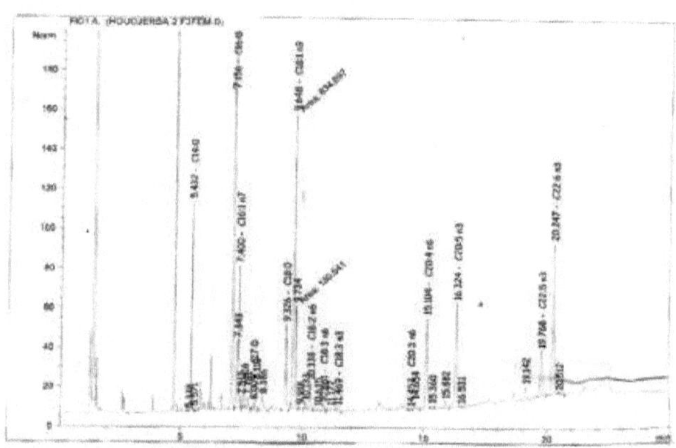

Chromatogramme des AGT gonadiques d'un individu mâle (milieu marin)

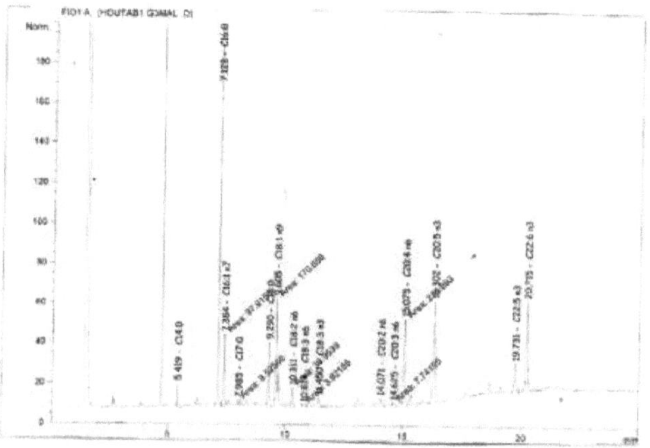

Chromatogramme des AGT gonadiques d'un individu femelle (milieu marin)

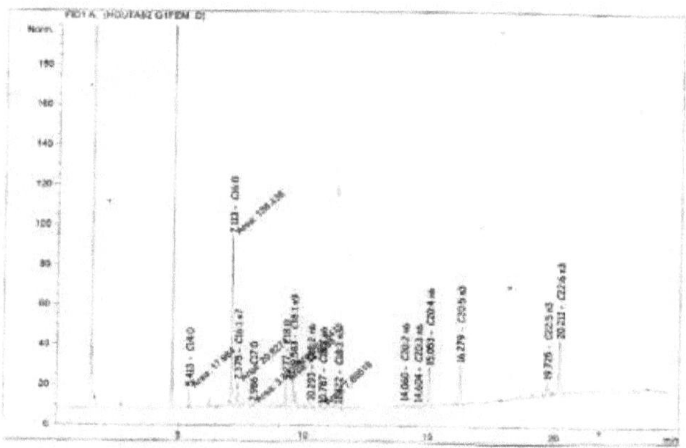

Chromatogramme des AGT gonadiques d'un individu mâle (milieu lagunaire)

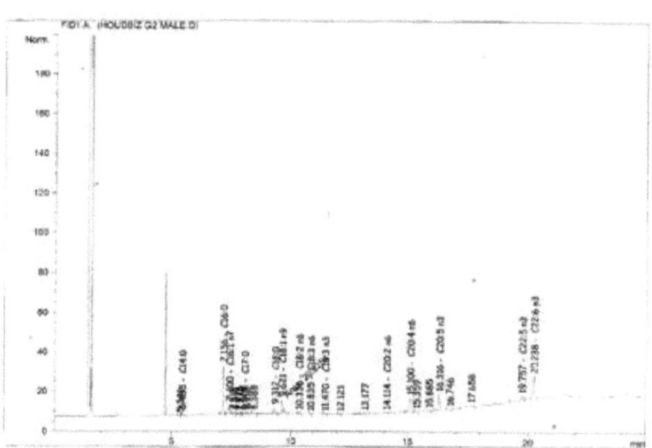

Chromatogramme des AGT gonadiques d'un individu femelle (milieu lagunaire)

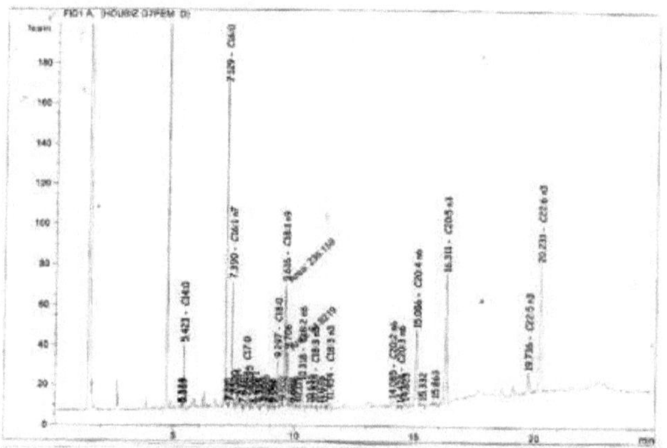

Chromatogramme des AGT gonadiques d'un individu mâle (milieu insulaire)

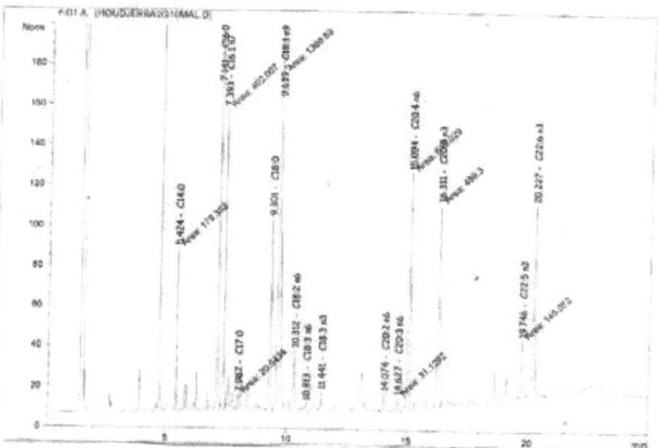

Chromatogramme des AGT gonadiques d'un individu femelle (milieu insulaire)

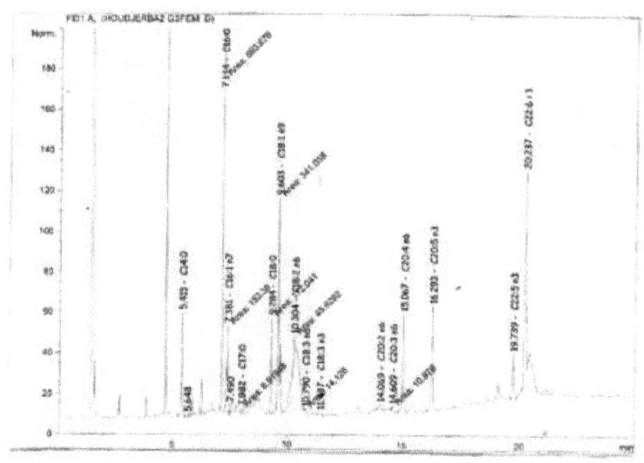

Printed by Books on Demand GmbH, Norderstedt / Germany